LE

PALAIS DE L'INDUSTRIE

1855 — 1875

PETITES ANNALES DU PALAIS — EXPOSITION UNIVERSELLE

EXPOSITIONS DIVERSES ET CONCOURS — LES SALONS

FÊTES ET CÉRÉMONIES — LE PALAIS PENDANT LA GUERRE ET LA COMMUNE

LES INSCRIPTIONS MURALES

EXPOSITION INTERNATIONALE

DES INDUSTRIES MARITIMES ET FLUVIALES

AVEC SECTION FRANÇAISE D'EXPORTATION

EN VENTE

AU PALAIS DE L'INDUSTRIE

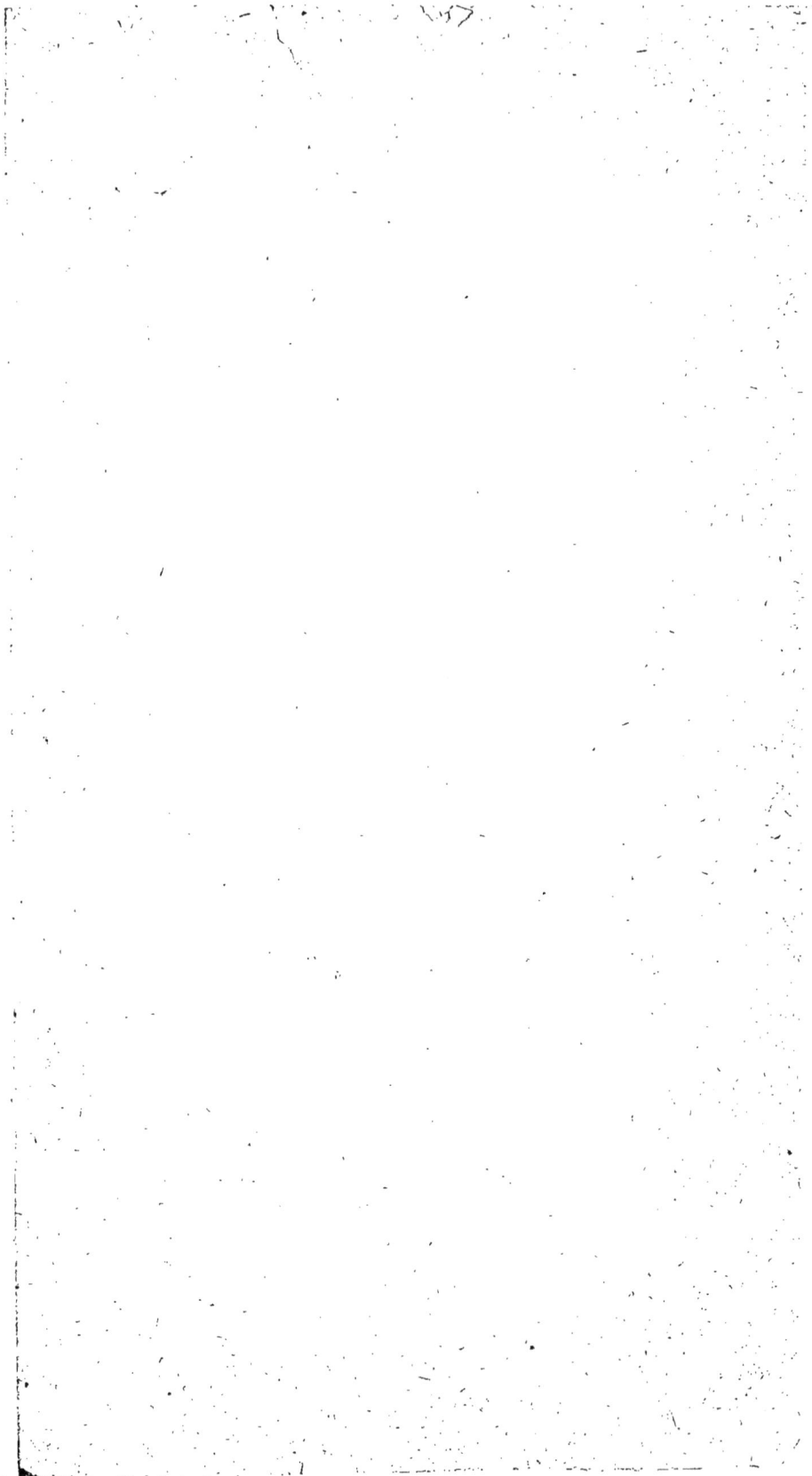

LE

PALAIS DE L'INDUSTRIE

1855 – 1875

CORBEIL. — TYP. ET STÉH. DE CRÉTÉ FILS.

VUE DU PALAIS DE L'INDUSTRIE.

LE
PALAIS DE L'INDUSTRIE

1855 — 1875

PETITES ANNALES DU PALAIS — EXPOSITION UNIVERSELLE

EXPOSITIONS DIVERSES ET CONCOURS — LES SALONS

FÊTES ET CÉRÉMONIES — LE PALAIS PENDANT LA GUERRE ET LA COMMUNE

LES INSCRIPTIONS MURALES

EXPOSITION INTERNATIONALE

DES INDUSTRIES MARITIMES ET FLUVIALES

AVEC SECTION FRANÇAISE D'EXPORTATION

EN VENTE :

AU PALAIS DE L'INDUSTRIE

PRÉFACE

15 juillet 1875.

Il y a tout juste, aujourd'hui, vingt ans et deux mois que le Palais de l'Industrie ouvrait, pour la première fois, ses portes au public.

Le voilà donc bientôt majeur, et il a droit qu'on le considère.

On dira que la majorité d'un homme, c'est à peine l'enfance pour un monument. Autrefois et pour d'autres, c'est possible. Mais les édifices de cette nature vieillissent vite à notre époque, et lequel a vu, en aussi peu d'années que celui-ci, se succéder dans son enceinte autant de spectacles et d'événements, des plus utiles et des plus beaux comme aussi des plus tristes et des plus funestes? Et croyez-vous que le malheur ne mûrisse pas les pierres tout comme les hommes?

Donc, pour n'avoir que vingt ans d'âge, le Palais de l'Industrie est loin d'être un conscrit : il a subi le feu de la guerre, et, pendant la paix, il a fourni une carrière mémorable.

Son inauguration a une date brillante, 15 mai 1855, celle même de l'ouverture de la première exposition universelle en France. C'est ainsi qu'il eut pour premiers hôtes et qu'il vit contribuer à son premier triomphe les représentants de tous les peuples, et que fut consacrée, d'une façon éclatante, la destination de ses vastes galeries.

Le Palais de l'Industrie est le palais des expositions. C'est ce fait considérable et nouveau dans l'économie des nations modernes qui lui donne sa raison d'être. Il a été surtout construit pour elles, aménagé pour elles. Mais si sa mission est de leur servir de théâtre, il faut reconnaître qu'il s'en acquitte à merveille.

En effet, les expositions de tout genre s'y succèdent presque sans interruption. L'hiver n'a point encore secoué ses derniers frimas que la grande nef est envahie par les plus gras habitants de la basse-cour, du parc et de l'étable. Puis, les chevaux du concours hippique y viennent hennir et piaffer. Aussitôt après, le Salon convie la foule qui accourt, entre les arbres reverdis, à cette fête de l'art à toutes préférée. C'est ensuite le tour des expositions industrielles, tantôt celle de l'Enfance, de l'Économie domestique, hier celle des Beaux-Arts appliqués à l'industrie, aujourd'hui celle des Industries maritimes et fluviales. Les expositions de l'Algérie et des colonies sont permanentes, mais dans les salles qui les avoisinent, chaque saison voit éclore quelque attraction nouvelle, le musée Campana, le musée Japonais, les insectes nuisibles ou utiles, une décoration de l'Opéra, des Gobelins, un projet d'église, un nouveau système de chemin de fer, ou encore un plan de Paris port de mer. Et les cérémonies officielles, les distributions de récompenses, les concerts, les examens d'écoles, les tirages pour la conscription, ceux aussi des obligations de la ville de Paris..... Ce palais ne vous fait-il point l'effet d'un kaléidoscope où défilent les multiples perspectives de la vie contemporaine?

Il n'est point un résultat de l'activité nationale, une manifestation d'idée, une œuvre, un produit, une invention ou un perfectionnement que son hospitalité n'ait accueilli et mis en relief. On peut dire que son existence est intimement liée chez nous, depuis près d'un quart de siècle, à celle même des sciences, des industries et des arts. Bien plus, toute innovation, tout progrès, sur quelque point étranger qu'il se réalise, par suite des relations rapides et multiples y vient nécessairement aboutir.

Quel rôle important ne joue donc point dans notre société moderne un tel édifice! Il en résume l'activité, le génie et les mœurs. Abrégé de la civilisation, il en est aussi le vrai temple.

1

Nous avons été séduit par la tâche encore inessayée d'en raconter l'histoire.

Elle sera véridique, car les matériaux nous en ont été fournis par des personnes admirablement placées pour nous renseigner exactement, et dont l'obligeance, — disons-le bien haut — a droit à toute notre gratitude.

Mais si elle n'est point intéressante, la faute en sera tout entière à nous, qui aurons inhabilement présenté cette période de vingt années, si brillamment inaugurée en 1855, assombrie par la guerre et la commune, et que vient clore l'exposition actuelle avec un éclat digne de son commencement.

Et quand nous aurons montré ces spectacles, ces tristesses et ces triomphes, nous en évoquerons les immortels témoins, savants, industriels, artistes, inventeurs, dont les noms décorent les frises du monument.

Cette revue des *Inscriptions murales* du Palais de l'Industrie sera le couronnement naturel de son histoire.

PETITES ANNALES

PALAIS DE L'INDUSTRIE

1852.

27 *mars.* — Décret ordonnant la construction d'un édifice destiné aux Expositions nationales et pouvant servir aux cérémonies publiques et aux fêtes civiles et militaires.

1853.

8 *mars.* — Le Palais de l'Industrie est en voie de construction lorsque paraît le décret instituant l'Exposition universelle de 1855.

1855.

24 *avril.* — Prise de possession par l'État du Palais de l'Industrie.

15 *mai.* — Ouverture de la première exposition universelle en France, dans le palais et les annexes.

31 *octobre.* — Distribution solennelle des récompenses dans la grande nef décorée pour la circonstance.

Novembre. — Série des concerts dirigés par Berlioz, dans la même partie du palais et avec la même décoration.

1856.

23 *mai.* — Ouverture de l'exposition universelle d'agriculture et animaux reproducteurs, dans le Palais et annexes. — En même temps, première exposition, au Palais, de la Société centrale d'horticulture de France, avec une exposition de pisciculture.

7 *juin*. — Distribution des récompenses dans la gale... Ouest du premier étage.

1857.

1ᵉʳ *mai*. — Première exposition des Beaux-Arts (au Palais). Elle se tient dans la nef et dans la galerie Nord du premier étage. — En même temps, deuxième exposition d'horticulture. La sculpture est dans le jardin de la Société d'horticulture.

20 *juin*. — Distribution des récompenses dans le grand salon d'honneur.

1858.

1ᵉʳ *mai*. — Exposition des Beaux-Arts concurremment avec l'exposition d'horticulture.

20 *juin*. — Fin de ces expositions.

17 *décembre*. — Arrêté ministériel instituant l'Exposition permanente des produits de l'Algérie et des colonies.

1859.

6 *janvier*. — Rapport établissant l'organisation de l'Exposition permanente des produits de l'Algérie et des colonies.

15 *avril*. — Ouverture de l'Exposition d'horticulture. Jardin anglais dans la nef.

1ᵉʳ *Mai-20 juin*. — Exposition des Beaux-Arts. Dans la nef et dans les galeries Nord, Est et Ouest, au premier étage.

Après le Salon, tirage de la première loterie des Beaux-Arts. (Tableaux acquis à l'Exposition avec le produit des billets pris à l'entrée.)

1ᵉʳ *juillet-31 août*. — Première exposition de la Société française de photographie. Elle a lieu dans la galerie Sud, premier étage, et a son entrée par le pavillon Sud-Ouest.

Juillet. — L'Exposition *permanente* des produits de l'Algérie et des colonies s'installe au milieu de la galerie Sud (premier étage), ayant son entrée par le pavillon Sud.

Concert donné dans la nef, par les soins du baron Tailor, au profit des caisses de secours mutuels des artistes. — Grand concours des Orphéons de France. L'orchestre et les chœurs sont placés à l'extrémité droite de la nef.

1860.

Du 17 au 23 juin. — Grand concours agricole dans le Palais et annexes. — En même temps, grand concours pour les espèces chevaline et asine, et Exposition d'Horticulture dans la nef.

Juillet et mois suivants. — Examens des Écoles polytechnique, de Saint-Cyr et forestière dans les galeries du Sud au rez-de-chaussée. — Exposition dans les galeries du Nord de divers systèmes de chemins de fer et de freins pour l'arrêt.

1861.

Mars. — Décret séparant les expositions de l'Algérie et des colonies.

1ᵉʳ *mai-20 juin.* — Ouverture de l'Exposition des Beaux-Arts et de l'Exposition d'Horticulture. Un jardin à la française est adopté au lieu du jardin anglais des années précédentes, comme convenant mieux à l'Exposition des œuvres de sculpture.

Après le Salon, tirage de la deuxième et dernière loterie des Beaux-Arts.

Juillet. — La deuxième Exposition de Photographie et un atelier de peintres décorateurs pour la manufacture des Gobelins s'installent dans la galerie Sud.

15 *juillet*-15 *septembre.* — Exposition de l'Art industriel.

1862.

1ᵉʳ *mai-20 juin.* — Exposition des Beaux-Arts et Exposition d'Horticulture.

Juillet. — Exposition du Musée Campana et du Musée Japonais, dans les salons des galeries Nord et Est du premier étage.

L'atelier des peintres décorateurs des Gobelins, l'atelier des peintres décorateurs de l'Opéra et une galerie des moulages antiques, rapportés par M. Ravaison, occupent pendant une partie de l'été la portion de la galerie Sud, laissée libre par les Expositions permanentes de l'Algérie et des colonies.

1863.

1ᵉʳ *mai au 20 juin.* — Exposition des Beaux-Arts. La Société d'Horticulture ne fait pas son exposition au Palais, et l'Administration des Beaux-Arts fait elle-même son jardin à la française pour y mettre la sculpture.

Premier salon des refusés. Il se tient, pour la peinture, dans la galerie Ouest et la moitié de la galerie Sud au premier étage, et, pour la sculpture, dans une des galeries Sud du rez-de-chaussée.

1ᵉʳ *juillet*-15 *août.* — Exposition de Photographie. A côté de celle de l'Algérie.

1864.

1ᵉʳ *mai au 20 juin.* — Exposition des Beaux-Arts dans les conditions de l'année précédente.

Deuxième et dernier salon des refusés. Le public reste indifférent. Les artistes remportent leurs œuvres.

1er *juillet à fin août*. — Exposition de Photographie.
Décembre. — Premier concours général et spécial de volailles grasses.

1865.

1er *mai au 20 juin*. — Exposition des Beaux-Arts.
1er *juillet à fin août*. — Exposition de Photographie.
15 *juillet-15 septembre*. — Première Exposition, au Palais, des Beaux-Arts appliqués à l'Industrie, dans la grande nef et dans les galeries Nord et Ouest au premier étage.
15 *août - 5 septembre*. — Exposition des insectes nuisibles ou utiles, dans une partie de la galerie Sud.
15-21 *décembre*. — Concours général et spécial de volailles grasses mortes et concours international de fromages avec vente publique sur place aux enchères. Il se tient dans la galerie Nord, au premier étage.

1866.

15 *avril*. — Ouverture du premier Concours hippique annuel par la Société hippique française qui vient de se constituer. — Ce concours occupe tout le rez-de-chaussée à l'exception de la galerie Nord.
Mai-juin. — Exposition des Beaux-Arts. — La grande sculpture n'est exposée que dans la galerie Nord du rez-de-chaussée, la nef ayant été occupée par le concours hippique jusqu'à la veille de l'ouverture du Salon.
Décembre. — Concours général de volailles grasses, de beurres et instruments servant à la fabrication des beurres et fromages.

1867.

Mai-juin. — L'Exposition des Beaux-arts a lieu à l'époque habituelle et dans les conditions de l'année précédente. — Mais le matériel des Expositions permanentes de l'Algérie et des colonies est transféré dans l'Hôtel des Invalides, à cause des apprêts de la cérémonie des récompenses de l'Exposition universelle.
1er *juillet*. — Distribution solennelle des récompenses de l'Exposition universelle. Elle a lieu dans la grande nef centrale, disposée et décorée pour la solennité.
Août. — Les Expositions de l'Algérie et des colonies reprennent leur emplacement ordinaire.

1868.

15 *avril*. — Ouverture du troisième concours organisé par la Société hippique de France. (Le deuxième concours avait eu lieu l'année précédente, sur l'esplanade des Invalides.)

1er *mai*-20 *juin*. — Exposition des Beaux-Arts. La sculpture se tient dans un jardin fait, cette année encore, sans le concours de la Société d'horticulture.

Pendant l'été, dans la galerie Sud (premier étage), à côté de l'Exposition de l'Algérie : 1° Exposition d'un plan en relief d'environ 100 mètres de long, construit sur place, et représentant le projet de Paris port de mer. 2° Exposition d'une horloge monumentale destinée à la cathédrale de Beauvais.

1869.

Avril. — Quatrième concours hippique annuel.
Mai-juin. — Exposition des Beaux-Arts.
Juillet-août. — Exposition de Photographie.
Exposition permanente des produits de l'Algérie et des colonies.

1870.

23 *février*-1er *mars*. — Grand concours agricole, animaux gras vivants, races bovines, ovines, porcines, volailles vivantes et mortes, fromages, beurres ; produits agricoles, graines et plantes fourragères, instruments et machines agricoles. Ce concours occupe tout le rez-de-chaussée, le premier étage et les deux grandes allées situées derrière le Palais.

Avril. — Cinquième concours hippique.

1er *mai*. — Ouverture de l'Exposition des Beaux-Arts, avec un jardin improvisé en quinze jours pour la sculpture.

Juin. — Des émeutes éclatent dans Paris. Un régiment de cuirassiers vient s'installer pour quelques jours dans les écuries du concours hippique. — A peine l'exposition est-elle finie que de nouveaux troubles se produisent. Le Palais est de nouveau occupé par de la troupe.

16 *juillet*. — Déclaration de guerre. A partir de ce moment, le Palais devient une caserne.

Août. — Formation des ambulances volantes par la Société de secours aux blessés de terre et de mer, installée dans le Palais.

Septembre-octobre-novembre. — La grande nef est transformée en parc d'artillerie. — Les galeries servent de dépôt à la manutention. Dès les premières opérations du siége, une ambulance de 400 lits est installée dans les galeries Nord.

Décembre. — A cause des froids excessifs, cette ambulance est transférée au Grand-Hôtel, mais le matériel et le bureau restent au Palais. — Puis cinq cents hommes des compagnies de marche s'y renouvellent chaque jour. — La galerie Sud du premier étage est occupée : 1° par les dortoirs de 2 régiments de gendarmerie ; 2° par les expositions de l'Algérie et des colonies ; 3° par un grand atelier de ballons fonctionnant sous la direction de M. Dupuy-de-Lôme ; 4° enfin par l'horloge monumentale de Beauvais. — Dans la galerie de l'Est sont les dépôts d'habillement de la garde nationale.

1871.

26 *février*. — Tout est déménagé à la hâte, à l'exception des expositions de l'Algérie et des colonies et de l'horloge de Beauvais.

1er *mars*. — Entrée de 30,000 Prussiens dans les Champs-Élysées. — Ils occupent, au nombre de 7,000, le Palais pendant trois jours. — Ils respectent l'horloge et l'Exposition permanente.

18 *mars*. — La Commune à peine organisée fait fouiller le Palais dans tous les sens, y croyant trouver des dépôts d'armes.

Fin avril. — Le Palais est occupé par des postes de 4 à 500 insurgés, avec six pièces de canon et deux mitrailleuses.

Mai. — Lhuillier s'installe dans le Palais avec des fédérés vêtus en marins et une soixantaine de chevaux.

23 *mai*. — Entrée dans Paris des troupes de Versailles. Les fédérés abandonnent le Palais. — De la barricade de la terrasse des Tuileries, ils canonnent le Palais pendant trois heures.

28 *mai*. Les débris de la colonne Vendôme, qui avait été renversée le 16, sont remisés dans le Palais. Le ministère des Finances et plusieurs administrations y trouvent un abri.

1872.

Les réparations du Palais sont terminées, et les anciennes expotions reprennent leur cours.

15 avril. — Ouverture du concours annuel de la Société hippique de France.

1er *mai-20 juin*. — Exposition des Beaux-Arts. Moins nombreuse que les années antérieures. Au reste, cela concorde avec le peu de place disponible au Palais, par suite de la présence du Ministère des Finances et autres administrations. — Exposition de la Société d'horticulture, qui se fait, comme autrefois, concurremment avec celle de la sculpture.

L'exposition permanente des produits de l'Algérie et des colonies a aussi repris ses travaux.

25 *juillet*-1er *décembre*. — Exposition universelle d'économie domestique, dans la nef et dans une partie du premier étage.

1873.

Avril. — Concours hippique.

Mai-juin. — Exposition des Beaux-Arts et Exposition d'Horticulture.

Juillet. — Plusieurs grands concerts sont donnés au profit d'œuvres de bienfaisance, et notamment pour les Alsaciens-Lorrains.

Août et mois suivants. — Exposition d'un plan de Paris en relief, occupant environ un tiers de la nef et représentant toutes les fortifications d'attaque et toutes les batteries prussiennes, et aussi toutes les lignes de défense de Paris.

Projets pour le concours ouvert pour la reconstruction de l'Hôtel-de-ville, dans la galerie Est, au premier étage.

15 novembre. — Ouverture du Pavillon de l'Enfant.

Au rez-de-chaussée, à gauche de la galerie Nord, tirage au sort, pour la conscription des jeunes soldats, et tirage des obligations de la ville de Paris.

1874.

Le Palais reprend complétement son ancien usage.

5 janvier. — Clôture du Pavillon de l'Enfant.

Du 4 au 15 février. — Concours agricole d'animaux gras, volailles vivantes et mortes, etc., organisé par le Ministère de l'Agriculture, dans la nef, au premier étage, galerie Nord, avec exposition de machines agricoles et instruments aratoires, à l'extérieur du côté de la Seine.

Avril. — Concours hippique. — Pendant ce mois la galerie Nord, au premier étage, est occupée par l'exposition des projets de l'église native du Sacré-Cœur, à construire à Montmartre. Ce concours est ouvert par l'archevêque de Paris. — Les galeries Est et Sud sont occupées par l'atelier des décorateurs du nouvel Opéra.

Mai-juin. — Exposition des Beaux-Arts. Exposition d'Horticulture.

Juillet-septembre. — Deuxième exposition (au Palais) des Beaux-Arts appliqués à l'Industrie, comprenant toute la nef et toutes les galeries Nord et Ouest au premier étage.

1875.

Du 25 au 31 janvier. — Concours agricole d'animaux gras, etc., organisé par le Ministère de l'Agriculture et du Commerce.

4-18 avril. — Concours de la Société hippique de France.

1er mai-20 juin. — Exposition des Beaux-Arts, mais sans coopération de la Société d'horticulture pour le jardin.

5 mai. — Premier tirage semestriel des obligations de l'emprunt municipal de la ville de Paris, de 1875.

10 juillet. — Ouverture de l'exposition internationale des Industries maritimes et fluviales, avec section française d'exportation.

10 août. — Tirage de la grande tombola organisée par la direction de l'Exposition au profit des institutions de secours de la marine.

15 novembre. — Fin de l'exposition des Industries maritimes et fluviales.

LE
PALAIS DE L'INDUSTRIE

1855-1875

UNE VISITE AU PALAIS DE L'INDUSTRIE

Un vaste espace au milieu de la plus belle promenade du monde ; des abords larges et commodes ; d'un
côté la Seine, et, de l'autre la principale avenue, ar-
tères par où, du cœur de la grand'ville, affluent des
milliers de visiteurs : quel emplacement préférable
eût-on pu choisir pour un tel édifice ?

C'est bien le palais des Champs-Élysées. Pendant la
dure saison, sa longue et austère façade s'harmonise
avec la tristesse de leurs arbres dépouillés ; mais le
soleil qui fait reverdir leurs feuillages, allume des feux
de joie sur les vitres de son dôme.

C'est bien aussi le Palais de l'Industrie : tout pierre
au dehors, tout fer et tout verre au dedans.

Et l'architecture en révèle également la destination.

Il a la forme d'un parallélogramme, flanqué de quatre pavillons qui le coupent à angles droits et qui forment saillie avec retour. Une double rangée de fenêtres cintrées éclaire le rez-de-chaussée et les galeries du premier étage. La nef centrale reçoit le jour par le large dôme vitré qui l'abrite dans toute sa longueur.

A l'extérieur, très-peu d'ornements : sous la corniche, une série d'écussons où sont gravés les noms et les armes des principales villes de France ; et, sur la frise qui règne autour, les noms, inscrits en lettres aujourd'hui dédorées, de tous les grands savants, artistes et industriels que la mort a légués à l'histoire : ce sont là les dieux du nouveau Panthéon.

« La façade du nord, qui donne sur l'Avenue des Champs-Élysées, se distingue par un caractère de grandeur imposante (1). Elle offre au regard étonné une arche gigantesque plus large que celle de l'Arc-de-Triomphe de l'Étoile : c'est l'entrée principale du Palais. Elle s'ouvre dans un avant-corps orné, de chaque côté, de colonnes corinthiennes et surmonté d'une attique que couronne la statue colossale de la France. Cet avant-corps, qui se détache en saillie du reste du monument, est dessiné dans les plus larges proportions. Son ornementation se compose de huit médaillons de grands hommes, de deux groupes de génies soutenant les armes impériales, d'un relief qui occupe toute la longueur de l'attique, de deux Renommées dans les tympans, et d'une statue colossale de la France distribuant des couronnes d'or à l'Art et à l'Industrie assis à ses pieds. »

(1) *Biographie des inventeurs et grands hommes inscrits au fronton du Palais*, par Nestor ROUSSEAU, 1855.

Ajoutons, pour que l'énumération soit complète, les deux médaillons (Napoléon Ier et Charlemagne) qui sont au-dessus du portail.

Le groupe est d'Élias Régnault, les Enfants et les Renommées de Diéboldt, la frise de Deibœufs ; enfin Victor Vilain, sous la voûte, a sculpté un aigle de quatre mètres d'envergure, avec quatre femmes représentant la Gloire et l'Abondance, les Arts et l'Industrie.

Pénétrons, par cette entrée superbe, dans l'intérieur de l'édifice.

A droite et à gauche du vestibule montent deux escaliers à double révolution, qui conduisent aux galeries supérieures. Mais visitons d'abord le rez-de-chaussée.

La nef centrale se déploie à nos yeux, dans ses grandioses proportions qui embrassent presque toute l'étendue du corps principal du Palais. Elle est largement éclairée par un comble vitré qui s'arrondit en forme de dôme au-dessus de nos têtes.

Autour de cette nef court une colonnade en fonte qui supporte les galeries du premier étage.

Tout cela est à la fois vaste, solide et léger. Pour toute décoration, au-dessus des deux extrémités est et ouest de la nef, deux archivoltes en vitraux peints : il est vrai que ces vitraux sont d'une richesse et d'un goût remarquables. L'un représente la France assise au milieu des nations et les conviant à l'Exposition universelle, ainsi que l'explique la légende; l'autre, l'Équité présidant aux échanges entre les divers peuples.

Revenons vers l'entrée du Nord. Les marches larges et basses, les paliers spacieux des deux escaliers principaux, nous permettront d'admirer sans fatigue les courbes élégantes de leurs rampes et le caractère vraiment monumental de leur construction.

Au premier étage, une galerie en colonnade règne sur le pourtour de la nef dont on peut ainsi embrasser de haut les aspects divers. Spectacle toujours curieux que celui de cette foule qui s'agite en bas, que ce soit au milieu des machines qui marchent et qui bruissent, ou parmi le peuple immobile et muet des statues qui se dressent entre les feuillages.

Dans la partie comprise entre la colonnade et les murs de face, s'étend la série des salons. Le grand comme les autres est privé de tout ornement. Les panneaux attendent des œuvres admises par le jury leur unique décoration, et encore ne la pourront-ils garder que six semaines au plus.

Tel est, dans son ensemble et ses principales parties, cet édifice d'un style à la fois simple et noble, et si admirablement approprié à sa destination. Nous ne trouvons point d'éloge plus flatteur à adresser à l'œuvre de M. Viel, l'architecte sur les plans duquel a été érigé le Palais de l'Industrie.

Le visiteur serait-il maintenant curieux de quelques chiffres ?

Le corps principal du Palais a une longueur de deux cent cinquante mètres quarante centimètres, et une largeur de cent mètres quarante-neuf centimètres.

Il renferme une surface de quarante-six mille mètres carrés, soit trois hectares dix-neuf ares trente-neuf centiares.

Le dôme a une hauteur de vingt-cinq mètres.

La grande nef a une longueur de cent quatre-vingt-douze mètres sur une largeur de quarante-huit mètres.

Les galeries Nord et Sud ont chacune une longueur

de deux cent cinquante mètres sur une largeur de vingt-six mètres.

Les galeries Est et Ouest ont chacune une longueur de cent mètres sur une largeur de vingt-neuf mètres.

Ces galeries ont une hauteur de neuf mètres.

Les deux escaliers principaux ont une largeur de quatre mètres.

Les fenêtres sont au nombre de six cents.

Enfin, deux cent dix noms d'hommes illustres se trouvent inscrits sur le pourtour extérieur.

LE PALAIS PROPRIÉTÉ D'ÉTAT

Le Palais de l'Industrie, comme tous les immeubles affectés à un service public, fait partie du domaine de l'État, ainsi que le matériel et le mobilier qui s'y trouvent.

Un décret impérial, en date du 27 mars 1852, ordonna la construction de cet édifice qui, destiné spécialement aux expositions nationales, devait aussi pouvoir servir aux cérémonies publiques et aux fêtes civiles et militaires.

En vertu d'un autre décret du 21 avril 1855, l'État prit, le 24 du même mois, possession du Palais de l'Industrie.

Le Palais fut alors classé dans les attributions de la Direction des bâtiments civils, monuments publics et palais nationaux qui, depuis 1853, avait été rattachée au ministère d'État et de la maison de l'Empereur.

M. Achille Fould, ministre d'État et de la maison de l'Empereur, depuis 1853, conserva ce ministère jusqu'en 1861.

De 1862 à 1863, ministre d'État et des Beaux-Arts : M. Walewski.

De 1864 à 1870, ministre de la maison de l'Empereur et des Beaux-Arts : M. le maréchal Vaillant.

Sous le ministère Ollivier, en 1870, la Direction des bâtiments civils et monuments publics fut rattachée au ministère des Beaux-Arts dont M. Maurice Richard venait d'être nommé titulaire.

Après le 4 septembre 1870, la Direction des bâtiments civils et monuments publics retourna aux Travaux publics dont elle faisait primitivement partie.

Les ministres des Travaux publics qui se sont succédé depuis cette époque sont :

En 1870, M. Dorian. | En 1873, M. de Fortou.
1871, M. de Larcy. | 1874, M. de Larcy.
1872, M. Desselligny. | 1875, M. Caillaux.

Le Directeur des bâtiments civils, monuments publics et palais nationaux, M. de Cardaillac, est à la tête de ce service important depuis de longues années.

M. le comte de Cardaillac commença sa carrière comme surnuméraire à la direction des Beaux-Arts. Ayant été, quelque temps après, attaché à la division des Bâtiments civils et Monuments publics, il y parvint successivement aux emplois de sous-chef et de chef de bureau, de chef de division et enfin de directeur. En 1853, sa direction a été rattachée au ministère d'État et de la maison de l'Empereur, et, depuis cette époque, il a dirigé tous les grands travaux qui ont été exécutés soit par son service seul, soit de concert avec la ville de Paris : réunion des Tuileries au Louvre, abords des Tuileries, nouvel Opéra, restauration et agrandissement des grandes Archives nationales, des bibliothèques de la rue de Richelieu et de l'Arsenal ;

2

du Palais de l'Institut, du Conservatoire des arts et métiers ; construction de la manufacture de Sèvres, etc.

Plein d'initiative et d'énergie, d'une grande intelligence, d'une instruction aussi vaste que variée, il a su, dans un service des plus difficiles comme relations, s'acquérir l'estime et la sympathie de tous par son affabilité, son tact et la rare droiture de son caractère.

M. de Cardaillac est membre de l'Institut et commandeur de la Légion d'honneur.

L'administration du Palais de l'Industrie, qui a suivi dans ses migrations diverses la Direction des bâtiments civils et monuments publics, est confiée à M. Dutrou, architecte du Palais.

Nous l'avons dit déjà, les expositions les plus diverses se succèdent dans le Palais de l'Industrie ; mais se fait-on une idée exacte du travail qu'exigent les apprêts de chacune d'elles ? Et à peine a-t-elle pris fin qu'il faut vite déblayer les galeries pour faire place nette à une autre. C'est l'architecte du Palais qui assure et surveille l'accomplissement de ces opérations laborieuses et rapides ; c'est à lui qu'il appartient de concilier les nécessités d'un service compliqué avec les intérêts des groupes ou des particuliers qui s'adressent à son administration. Il n'est que juste de reconnaître l'empressement bienveillant qu'a montré, en toute circonstance, l'honorable M. Dutrou.

La direction des Beaux-Arts, dont le titulaire actuel est M. le marquis de Chennevières, a aussi, au Palais de l'Industrie, un représentant à demeure. C'est M. Buon, directeur des Expositions annuelles des Beaux-Arts. Quand nous aurons dit que M. Buon est chargé de se mettre en rapport avec les artistes, et de présider à la disposition et à l'enlèvement des tableaux et œuvres de sculpture, on comprendra, sans qu'il soit besoin d'insister, tout ce que sa tâche a de délicat.

Tout un personnel d'employés, de gardiens, de jardiniers, de manœuvres, est attaché au travail des bureaux, à l'entretien et à la décoration des galeries, à la surveillance et à la manutention de l'immense matériel du Palais.

Le jardinier en chef est M. Masson.

Enfin, des postes de pompiers et de gardiens de la paix veillent, jour et nuit, à la sécurité de l'édifice.

L'EXPOSITION UNIVERSELLE DE 1855

C'est à la France qu'appartient l'idée des expositions. La première de ces *Fêtes du travail* fut organisée par François de Neufchâteau, ministre de l'intérieur sous le Directoire. Elle fut célébrée, en l'an VI de la République (septembre 1798), dans un temple élevé, au Champ-de-Mars, pour rendre hommage au Génie de l'Industrie. Les produits les plus remarquables des fabriques nationales s'y rencontrèrent avec les chefs-d'œuvre enlevés par la conquête aux musées de l'Italie : rapprochement singulier, mais commencement de l'union féconde des beaux-arts et de l'industrie, dont un demi-siècle plus tard l'Exposition universelle de 1855 devait être la magnifique expression !

Cette première exposition ne comprenait que 110 exposants. Elle n'en fut pas moins, suivant les rapports officiels de l'époque, une campagne désastreuse pour l'industrie anglaise.

C'est dans cet esprit de lutte contre l'Angleterre que s'ouvrirent, sous le Consulat, la deuxième exposition nationale, en 1801, et la troisième dès l'année suivante. La quatrième, la seule que fit l'Empire, eut lieu en 1806, au milieu des fêtes données à l'occasion de la victoire d'Austerlitz. Il faut maintenant franchir treize années pour voir reparaître ces pacifiques concours : 1819, 1823, 1827, ils se renouvelaient tous les quatre ans sous la Restauration. Après la révolution de Juillet, on adopta des périodes quinquennales, à partir de 1834, date de la huitième exposition. Les années 1839 et 1844 continuèrent la série, que n'interrompit pas la République, puisque l'exposition de 1849 fut la plus brillante de toutes.

Elle fut la plus brillante, parce qu'elle était la dernière. A travers tant de bouleversements politiques, tant de guerres, tant de secousses subies par la production, l'idée de François de Neufchâteau avait fructifié, avait grandi, avait poussé partout des branches vivaces et désormais indestructibles. Chaque exposition avait été sur sa devancière immédiate un progrès considérable, autant par la qualité des produits que par le nombre des exposants. Ceux-ci, qui n'étaient que 1,422 sous l'Empire, avaient maintenant dépassé le chiffre de 4,500. Les machines aussi avaient rapidement conquis la place qu'on leur disputait autrefois, alors que Jacquart n'obtenait, à Paris, qu'une médaille de bronze, et que les tisserands de Lyon brisaient son métier et menaçaient sa vie !

Cependant l'exemple de la France n'avait pas été perdu pour les autres nations, et la Belgique, l'Allemagne, la Suisse, la Russie, l'Italie, l'Espagne, avaient tour à tour ouvert au travail national ces arènes pacifiques.

Les expositions universelles devaient nécessairement sortir de ces efforts isolés, dont seules elles pouvaient féconder les résultats. Dès 1844, le jury français avait exprimé le vœu que cette grande entreprise fût tentée, mais c'est l'Angleterre qui eut la gloire de sa première réalisation (1851). De tous les points civilisés du globe, 17,062 exposants répondirent à son appel, et des produits, dont la valeur s'élevait à des centaines de millions, vinrent prendre place dans la merveilleuse enceinte du Palais de Cristal. On sait quelle victoire remporta alors l'industrie française : ne comptant que le dixième du chiffre des exposants, elle obtint le tiers des plus hautes récompenses.

Les États-Unis voulurent avoir, eux aussi, leur *Cristal Palace* et leur *Great exhibition*, en 1853, mais la manifestation de Londres ne fut en réalité renouvelée — et dépassée même — qu'à l'Exposition universelle de Paris, en 1855.

Le Palais de l'Industrie était encore en voie de construction lorsque parut, le 8 mars 1853, le décret instituant cette exposition. Mais à peine fut-il achevé, que la Commission impériale en jugea les proportions insuffisantes pour répondre aux exigences chaque jour accrues de la colossale entreprise. Alors fut décidée la construction, sur le quai de la Conférence, d'une annexe de 1,200 mètres de longueur sur 27 mètres de largeur. Plus tard, on reconnut qu'il était urgent de relier cette annexe avec le Palais, à cause de la difficulté résultant des services séparés et de l'obligation où l'on aurait été de faire payer deux fois. La deuxième annexe, reliant le quai au Palais, était circulaire et enveloppait l'ancien bâtiment du Panorama; elle avait 50 mètres de diamètre, et se raccordait au Palais par une petite galerie de 17 mètres de largeur, passant au-dessus des deux chaussées du Cours-la-Reine. — Le buffet-restaurant était autour de cette galerie circulaire. D'autres annexes séparées furent encore faites dans les allées libres des Champs-Élysées, et enfin un palais provisoire en bois fut construit pour l'Exposition universelle des beaux-arts, au point de jonction du quai de Billy et de l'avenue Matignon. Cette construction occupait une surface de 16,500 mètres environ, et était entièrement séparée du reste de l'Exposition, de sorte que le public était obligé de payer une seconde fois pour visiter les Beaux-arts.

La cérémonie d'inauguration eut lieu, le 15 mai 1855. L'empereur Napoléon III ouvrit solennellement « ce temple de la paix qui conviait tous les peuples à la concorde. » La phrase n'était pas sans ironie, au moment où la guerre d'Orient se poursuivait avec le plus de vigueur, et où la Russie, qui avait envoyé 263 exposants à Londres, était forcément absente de la manifestation pacifique de Paris.

Le nombre total des exposants, pour la section de l'industrie, fut de 21,779, dont 10,003 pour la France, 728 pour l'Algérie et 183 pour les autres colonies françaises.

Les autres pays étaient représentés comme il suit :

Prusse, 1,319; Autriche, 1,298; Angleterre, 1,189; Belgique, 687; Espagne, 569; Suède et Norvége, 539; Pays-Bas, 411; Suisse, 408; Wurtemberg, 207; Sardaigne, 204; Toscane, 197; Bavière, 172; Grèce, 131; États-Unis d'Amérique, 131; Mexique, 107; Saxe, 96; villes Hanséatiques, 89; Hesse, 88.

De larges facilités furent données à ces pays. Le règlement de l'Exposition avait décidé que tous les produits étrangers, même ceux prohibés, seraient admis moyennant un droit maximum de 20 pour 100 sur la valeur. Les rigueurs de la prohibition, ainsi considérablement atténuées, permirent d'entrer en ligne à tous les produits d'ordinaire écartés par la douane, et le concours n'en fut que plus nombreux et le spectacle plus instructif.

« Rien ne manquait, dit l'éminent M. Wolowski, dans la vaste enceinte des Champs-Élysées, pour résumer la situation industrielle des États les plus importants, et presque partout brillaient au premier rang les produits français. La grâce et la richesse des créations délicates et magnifiques le disputaient aux rêves brillants de l'imagination orientale. Les tissus d'or et de soie, aux couleurs étincelantes, les voiles légers qui semblaient sortir de la main des fées; les vases d'or et d'argent ciselés avec un art merveilleux, les bronzes, les cristaux magnifiques, ajoutaient encore à la légitime renommée de nos fabricants. Cependant le regard ébloui par tant de merveilles se reposait avec une attention plus sérieuse sur les produits d'une confection solide et régulière, qui peuvent aider à l'existence du grand nombre, au lieu de satisfaire le goût et les caprices des hommes plus favorisés de la fortune. »

Ces produits, désormais accessibles à tous, la toile, le calicot, la laine, la chaussure, etc., c'est aux machines qu'ils sont dus, aux machines qui ont déjà apporté aux classes laborieuses un plus grand bien-être, en attendant qu'elles leur apportent plus de liberté. L'époque de transition est pénible à traverser, sans doute, mais chaque auxiliaire nouveau trouvé par l'homme en abrége la durée. La délivrance a commencé du jour où, contrairement aux prévisions du vieil Aristote, « la navette et le ciseau ont marché tout seuls; » elle sera accomplie alors que, le travail de la brute étant abandonné à la machine, l'intelligence aura le loisir de s'exercer.

Au sortir des galeries, où se pressaient les instruments et les produits de l'industrie et de l'agriculture, le visiteur pénétrait dans le palais réservé à l'Exposition des Beaux-arts. Tableaux, statues, dessins, les écoles de tous les pays étaient là représentées par plus de 5,000 œuvres. La peinture française, on se le rappelle, obtint dans ce concours un succès marqué, dû principalement à ses paysagistes.

Le jury international fut divisé en 27 classes pour l'industrie et l'agriculture, et en 3 classes pour les beaux-arts. La tâche qu'il avait à remplir était considérable et délicate à la fois ; mais, grâce à l'activité et à la compétence de ses membres, tous les rapports étaient prêts pour le 31 octobre.

C'est à cette date qu'eut lieu la distribution solennelle des récompenses. La grande nef du Palais présentait un aspect imposant. L'Empereur présidait, entouré de sa famille, de souverains et de princes, parmi lesquels le sultan Abdul-Azis attirait tous les regards, des dignitaires et des membres de la commission impériale. Le trône avait été placé en face de la principale entrée, et l'assistance était rangée sur un amphithéâtre formant demi-cercle sur le grand côté de la nef.

Il fut distribué, par le jury d'industrie, 112 grandes médailles d'honneur, 282 médailles d'honneur, 2,300 médailles de première classe, 3,900 médailles de deuxième classe et 4,000 mentions honorables. — Les récompenses décernées aux beaux-arts furent de 16 médailles d'honneur, 67 médailles de première classe, 87 médailles de deuxième classe, 77 médailles de troisième classe et 222 mentions honorables.

Ainsi prit fin cette manifestation grandiose. Elle n'offrit pas seulement, à des millions de visiteurs ac-

courus de tous les points du globe, le spectacle merveilleux de tout ce que le génie humain peut produire
de grand, de beau et d'utile; elle fut aussi une source
féconde d'instructives comparaisons; elle donna lieu à
une vaste enquête sur toutes les questions économiques de production, de consommation, de travail, de
salaires, de douanes; et par là elle s'affirma elle-même
comme un élément nécessaire du progrès général.

« Désormais, dit dans son remarquable rapport le
prince Napoléon, président de la Commission, les expositions universelles font partie de ce vaste progrès
économique auquel appartiennent les voies ferrées, les
télégraphes électriques, la navigation à vapeur, les per-
cements d'isthmes, tous les grands travaux publics, et
qui doit amener un accroissement du bien-être matériel, c'est-à-dire plus d'aisance au profit du plus grand
nombre. »

LES CONCOURS ET EXPOSITIONS AGRICOLES

« Le labourage et le pastourage, voilà les deux mamelles dont la France est alimentée, les vrayes mines et trésors du Pérou. » Aujourd'hui encore Sully aurait raison : bien que notre pays puise à d'autres sources une part de sa subsistance, et qu'il tire d'ailleurs que du sol le complément de sa richesse, c'est toujours l'industrie agricole qui est sa vraie mère nourricière, c'est toujours dans la terre fécondée que se trouvent les meilleurs gisements. Mais ce langage pittoresque ne constatait pas seulement un fait connu; dans la bouche du grand ministre, il renfermait aussi un enseignement, il exprimait le devoir imposé à l'État de favoriser, par tous les moyens à sa disposition, le développement de la principale branche de notre production nationale.

Parmi ces moyens, il en est qui tiennent aux conditions générales, tels que la paix intérieure et extérieure, la sécurité des personnes et des propriétés, la réduction des impôts et l'économie dans l'administration des deniers publics. On conçoit que l'intérêt agricole étant le plus considérable, il ressente plus que tout autre les avantages et les inconvénients d'un bon ou d'un mauvais gouvernement.

Quant aux mesures qui peuvent s'appliquer d'une façon spéciale à l'agriculture, les économistes préconisent surtout une répartition équitable des dépenses entre les villes et la campagne; la liberté d'importation et d'exportation; enfin la diffusion de l'enseignement agricole, la création de fermes expérimentales et l'établissement de concours publics.

C'est de l'encouragement accordé par l'État sous cette dernière forme que nous devons nous occuper ici, non pour entreprendre l'historique des comices agricoles, des concours départementaux et régionaux, mais pour montrer, dans les manifestations générales dont le Palais de l'Industrie est le théâtre, l'action exercée par l'administration sur les progrès de l'agriculture nationale.

Le premier concours agricole que nous trouvions dans les annales du Palais eut lieu en 1856, c'est-à-dire dans l'année qui suivit la première exposition universelle. Il dura du 23 mai au 7 juin.

Il était universel, c'est-à-dire qu'il comprenait les animaux reproducteurs français et étrangers des espèces bovine, ovine et porcine, les animaux de basse-cour et enfin les instruments et produits agricoles.

L'édifice, cette fois encore, fut jugé trop petit, et il fallut construire de nombreuses annexes au midi, dans le terrain situé derrière le Palais, et à l'ouest, jusqu'à l'avenue d'Antin.

La nef était occupée par la Société centrale d'horticulture, qui avait établi un jardin anglais et une petite rivière qui servit à une exposition de pisciculture.

Dans les galeries du rez-de-chaussée étaient disposées des stalles pour environ 1,300 bœufs. Les races ovines, porcines, les animaux de basse-cour et autres, et tous les instruments agricoles étaient dans les annexes.

Dans les galeries du premier étage, on avait disposé tous les produits et les instruments de petite dimension.

La distribution des récompenses fut faite au premier étage, dans la galerie Ouest décorée pour cette solennité.

Quatre ans après, en 1860, le concours agricole fut purement national, mais on y ajouta un grand concours pour les animaux des espèces chevaline et asine.

En décembre 1864, concours général et spécial de volailles grasses.

En décembre 1865, concours général et spécial de volailles grasses, et concours international de fromages, avec vente publique aux enchères.

En décembre 1866, concours général de volailles grasses, de beurres et instruments servant à la fabrication des beurres et fromages, et concours international de fromages.

Ce programme fut complété dans le concours qui s'ouvrit le 23 février 1870. Il comprenait, en effet, les animaux gras vivants, races bovine, ovine, porcine, volailles vivantes et mortes, fromages, beurres, produits agricoles, graines et plantes fourragères, et une exposition d'instruments et machines agricoles.

Depuis que le Palais de l'Industrie, après la réparation des dégâts causés par la Commune, a été complétement rendu à son ancien usage (en 1874), il voit se renouveler, au mois de février de chaque année, ces concours dont l'utilité ne saurait être mieux exposée qu'elle ne l'est dans les considérants mêmes de l'arrêté ministériel.

« Considérant qu'il importe, dans l'intérêt des consommateurs et dans celui de l'agriculture, de développer, en France, le nombre des animaux destinés à la boucherie, en favorisant la propagation des races qui, par leur précocité, peuvent fournir le plus abondamment à la consommation, et en encourageant le perfectionnement des formes reconnues les meilleures pour la production de la viande chez nos races indigènes, dont les aptitudes naturelles se prêtent moins à la précocité ;

« Considérant l'intérêt de réunir, dans un même concours, les différentes espèces d'animaux de basse-cour vivants et morts ;

« Considérant l'importance de la qualité des semences au point de vue de la culture, et l'utilité de faire connaître et de propager les meilleures variétés, etc., etc. »

Les instruments agricoles ne prennent point part à ces concours spécialement institués pour les animaux gras, et leur exposition, quand elle y est annexée, n'est l'objet d'aucune récompense. C'est dans les concours de machines qu'ils trouvent leur jury. Toutefois leur présence ici prouve que l'on n'oublie point que les diverses parties d'une exploitation agricole sont solidaires.

Rien de curieux comme le spectacle que présente, pendant les huit journées de ce concours, l'intérieur du Palais de l'Industrie.

Dans la partie centrale de la nef est groupée l'espèce bovine : bœufs normands, charolais, nivernais, parthenais, choletais, nantais, limousins, garonnais, bazadais ; ceux aussi de l'étranger, grands, moyens et petits, et ceux provenant de croisements divers ; puis les veaux, vaches et génisses, indigènes ou étrangers, croisés ou purs.

Formant autour de l'espèce bovine une triple ceinture, sont rangées les races diverses de moutons : mérinos et métis-mérinos, flamands, normands, poitevins, angevins, lauraguais, berrichons, solognots, gâtinais, crevants; et les races étrangères à laine longue, dishley-new-kent, costwold, et à courte laine, southdown, shropshire; et les croisements de ces races avec les nôtres, dishley-mérinos, kent-mérinos, southdown-berrichons, south-down-solognots.

Enfin, sur le pourtour de la nef sont les volailles vivantes, les mâles ensemble et ensemble les femelles : races de Crève-cœur, de Houdan, de la Flèche et du Mans, de la Bresse et de Normandie, et aussi les coqs et les poules de l'étranger; puis les dindons, les oies, les canards, les pigeons, les pintades, les lapins et léporides.

Ils sont là tous, représentants de la basse-cour, du parc et de l'étable, emplissant la vaste galerie de leurs cris et de leurs parfums divers, et étalant sans vanité les formes belles et grasses, les qualités de nutrition et de reproduction dont les plus heureux d'entre leurs maîtres seront récompensés par des médailles, des coupes d'argent et autres objets d'art.

Une fontaine monumentale, placée au centre de la nef, mêle à ces bruits et à ces exhalaisons d'animaux le murmure et la fraîcheur de ses eaux jaillissantes.

Mais la basse-cour n'est pas là tout entière. Il nous faut pénétrer dans la galerie Est pour contempler les plus beaux individus de l'espèce porcine. Beau ici veut dire gras. Entre les races françaises et étrangères et les produits auxquels tous les croisements peuvent donner lieu, « un prix d'honneur, dit le programme, sera décerné au porc reconnu le meilleur. » Bonté, on le voit, est encore pris ici dans le sens de viande grasse et succulente.

Si, maintenant, nous montons au premier étage, nous retrouverons, dans la galerie Nord, des volailles et des lapins, mais cette fois plumés, troussés et tout préparés pour la broche des acheteurs.

Nous y verrons aussi exposés tous les fromages dont les gourmets font leurs délices, depuis les pâtes grasses de Brie, de Coulommiers, de Camembert, de Marolles, de Livarot, des Vosges, jusqu'aux pâtes cuites de Gruyères, en passant par les pâtes fermes de Roquefort, du Cantal, de Géromé, de Hollande, sans oublier les Neufchâtel frais et les divers fromages à la crème.

Les beurres aussi ont là leurs plus distingués échantillons, beurres de Normandie, de Bretagne, de Flandre, frais, salés ou fondus.

On voit par cette énumération, aussi longue qu'un dénombrement d'Homère, combien délicate et complexe est la tâche imposée au jury. Ce jury est désigné par le ministre de l'Agriculture et du Commerce. Il se divise en sections qui comprennent chacune des membres nommés par l'Administration, choisis parmi les personnes qui s'occupent spécialement d'élevage ou d'engraissement, et de deux membres élus par les exposants. Il avait pour président, dans les derniers concours, M. de Saint-Germain, député à l'Assemblée nationale.

Ajoutons que la police du concours agricole appartient exclusivement à un commissaire général nommé également par le ministre. C'est M. Porlier, aujourd'hui Directeur de l'Agriculture, qui est chargé, depuis plus de dix ans, de cette importante fonction. Il est secondé depuis 1874, par un commissaire général adjoint, M. Radouant, aujourd'hui chef de bureau à la direction de l'Agriculture.

Mais notre visite serait incomplète, si nous négligions les machines et instruments agricoles, dont l'exposition se fait derrière le palais, du côté de la Seine. Charrues, herses, rouleaux, semoirs, machines à faucher et à moissonner, machines à battre, coupe-racines, hache-paille : les diverses périodes de la culture des champs ne sont-elles pas là indiquées, et n'y trouvons-nous pas l'histoire des durs et patients labeurs propres à chaque saison?

Enfin, quand le jury a fait son œuvre, et que les récompenses ont été distribuées, les éleveurs, engraisseurs et marchands remportent leurs animaux et leurs denrées, et tout alors, dans ce palais où les loisirs sont inconnus, se prépare pour le concours annuel de la Société hippique.

LES CONCOURS HIPPIQUES

Le cheval fut toujours le favori de l'aristocratie. Les services que lui rendait cet inséparable compagnon de ses dangers et de ses plaisirs, justifiaient assez cette prédilection. Aussi est-ce par le cheval de selle, — de chasse et de guerre — qu'a commencé l'amélioration de l'espèce.

Ce fut sous Louis XIV que les haras de l'État prirent chez nous de l'importance. A cette époque, l'administration des haras se résumait dans l'institution des *Garde-Étalons*. Des officiers des haras achetaient des étalons et les plaçaient ensuite chez des cultivateurs. Ces garde-étalons soignaient les animaux, recevaient une rétribution des propriétaires des juments saillies, et jouissaient en outre de certains priviléges. Les étalons, ainsi distribués un à un dans la campagne, étaient beaucoup plus à portée de l'éleveur qu'ils ne le sont aujourd'hui dans les dépôts et même dans les stations où on les envoie au moment de la monte. Mais des abus criants firent décréter, par la Révolution, l'abolition de l'ancien système.

L'administration des haras fut rétablie en 1806, et avec elle reparurent les mesures arbitraires qui en avaient fait si peu regretter la suppression. Depuis, une certaine liberté a fini par se dégager de ces entraves. Ainsi les propriétaires n'ont plus besoin d'autorisation pour conserver les étalons qui leur conviennent ; ils peuvent, soit les employer à la saillie de leurs propres juments, soit les mettre, moyennant rétribution, à la disposition des éleveurs ; enfin, les juments les plus défectueuses peuvent maintenant être présentées aux étalons approuvés, et même aux étalons des dépôts.

L'amélioration de la race chevaline, facilitée par une latitude plus grande laissée à l'industrie des éleveurs, est, en outre, encouragée par des primes, des récompenses décernées par l'État, par les comices agricoles, etc.

Mais elle a reçu, depuis quelques années, une impulsion nouvelle et plus active encore, par la création de la *Société hippique de France;* et les concours annuels organisés par cette société, non-seulement sont devenus l'occasion d'études approfondies de tout ce qui touche à l'art hippique, mais contribuent encore puissamment à ressusciter chez nous, en le généralisant, le goût du cheval. Désormais le public apporte à ces épreuves bien mieux qu'une banale curiosité ; c'est un intérêt tout patriotique qui l'anime.

Le premier concours de ce genre dont le Palais de l'Industrie ait été témoin eut lieu, en 1860, dans une annexe qui s'étendait sur le Cours-la-Reine. Six cents chevaux y avaient été envoyés. Mais un grand concours agricole et l'exposition d'horticulture qui se tenaient, en même temps, dans d'autres annexes et dans la nef, dispersèrent l'attention de la foule, et aucune suite ne fut donnée à cette première exhibition.

Ce ne fut que six ans plus tard, en 1866, que la Société hippique, récemment constituée, obtint du Gouvernement l'autorisation de faire, dans le Palais de l'Industrie, un concours de chevaux de service français.

Ce concours occupait tout le rez-de-chaussée du palais, à l'exception de la galerie Nord. Les écuries étaient installées dans les galeries Sud et Est. Le champ de courses était dans la grande nef. Une piste dure, au milieu, permettait l'essai des chevaux attelés aux équipages, et une piste molle au pourtour de la lisse du manége était réservée aux cavaliers. Des gradins et des tribunes entouraient la nef, au centre de laquelle s'élevait la tribune de l'empereur.

Ce premier concours eut un plein succès : chevaux d'armes, montés par des officiers, chevaux de chasse, chevaux attelés seuls ou par paires, tous les produits des plus fameuses écuries, luttèrent, quinze jours durant, de vitesse, de vigueur et de beauté de formes. Des prix furent décernés aux éleveurs, aux cavaliers et aux automédons, et, pour clore, des officiers de cavalerie et des élèves de l'école de Saumur firent devant l'empereur un brillant carrousel.

L'année suivante, le Palais étant occupé par les apprêts de la cérémonie des récompenses de l'Exposition universelle, la Société hippique organisa son deuxième Concours sur l'Esplanade des Invalides. Mais, dès avril 1868, elle avait repris possession du vaste local des Champs-Élysées, et depuis lors, sauf pendant l'année néfaste 1871, chaque printemps l'a retrouvée à cette même place, fidèle à la tâche qu'elle a assumée, et soutenue dans ses efforts par la sympathie croissante du public.

Il est évident que plus nous nous éloignerons de

l'époque de la guerre qui, sous ce rapport aussi, nous a fait tant de mal, plus nous verrons s'accuser les résultats de ces sympathies et de ces efforts, mais déjà un notable progrès peut être signalé. Si, par l'exhibition des chevaux qui y ont été primés, le dernier concours l'emporte à peine sur les précédents, sa supériorité est incontestable en ce qui concerne les chevaux de selle.

Aussi les séances les plus attrayantes ont-elles été celles que le jury a consacrées à l'examen de cette classe. Elle était partagée en deux catégories comprenant la première, les animaux de 1ᵐ,55 et au-dessus, la seconde les chevaux de 1ᵐ,47 à 1ᵐ,54. Chacune de ces catégories formait deux divisions : chevaux de 4 ans et chevaux de 5 à 6 ans; elles réunissaient un total de 71 concurrents. Le défilé de leurs groupes a permis de remarquer de beaux chevaux d'escadrons et des *hacks* extrêmement brillants. Que nos éleveurs appliquent un peu mieux la maxime qui, en Angleterre, préside à la production de toute l'espèce : papa, maman, et le coffre à avoine! et ils arriveront à n'avoir plus de maîtres dans cette branche de l'industrie chevaline. L'exemple de notre cheval de course est fait pour les encourager : jadis dédaigné de nos voisins, il les bat parfois aujourd'hui sur leurs propres hippodromes.

L'habileté de nos cavaliers militaires a pu se donner carrière dans le grand carrousel qui a terminé le concours hippique de 1875; on y a vu aussi à quelle perfection de dressage ils sont su amener leurs chevaux. Le salut par quadrilles, la course des bagues, celle des têtes, celle au javelot, l'épisode des sauteurs en liberté, enfin la reprise générale au galop et le défilé,

ont tour à tour soulevé les applaudissements enthou-
siastes de l'assistance. Après ces exercices exécutés
par les élèves de Saint-Cyr, les élèves de l'École d'é-
tat-major ont fait leur entrée dans le manége. Le succès n'a pas été moins vif pour eux que pour leurs
devanciers. La course des haies franchies d'abord un
à un, puis deux par deux, et enfin par peloton en une
seule ligne, a achevé de prouver que l'équitation est
toujours un art français.

Mais il importe que le goût et la pratique en soient
généralisés. Ici encore nous avons une vieille réputation à reconquérir.

« C'est du seizième siècle, disait dans un compte
rendu le chroniqueur du *Temps*, que date l'art de l'équitation française. On reconnut alors qu'il ne serait peut-
être pas maladroit de s'asseoir d'aplomb sur une selle,
plutôt que d'y reposer sur la fourchette, à la façon d'une
paire de pincettes, comme il était de mise dans l'ancienne chevalerie.

« L'un des initiateurs de cet art nouveau fut l'écuyer
de Henri IV. A l'époque du mariage du Béarnais
avec Marguerite de Valois, celui-ci s'empressa de
présenter son professeur à la princesse. Marguerite de
Valois lui fit l'honneur de l'embrasser publiquement,
et elle ajouta, en femme lettrée : « Je suis heureuse
de recevoir le centaure Chiron qui a présidé à l'éducation d'un nouvel Achille. » A ce compliment l'é-
cuyer fit la grimace. « J'avais bien raison, dit-il à
l'un des officiers de l'escorte, de ne pas vouloir être
présenté à cette méchante femme ; j'étais bien sûr
qu'elle me dirait quelque sottise. » Et comme l'autre
le regardait avec étonnement : « Vous n'avez donc
pas entendu, ajouta-t-il, qu'elle m'a appelé *Chiron !* »

« Sous Louis XIII et Louis XIV, l'équitation française alla de progrès en progrès ; elle était florissante sous Louis XV avec Laguérinière. La finesse des aides, l'assiette, la souplesse et l'élégance étaient ses qualités caractéristiques : elle réalisait l'idéal mythologique si désagréable à l'excellent écuyer de Henri IV.

« L'homme et l'animal ne faisaient qu'un ; sans effort, sans mouvement apparent, le cavalier obtenait de sa monture une obéissance passive et instantanée ; la tenant toujours rassemblée il la faisait passer du galop au piaffer, il lui faisait exécuter des voltes, des demi-voltes, des croupades, des ballotades, des pétarades, etc., avec le seul secours de la main et des jambes, en se servant à peine de la cravache. Tout cela est bien passé de mode aujourd'hui, et il n'est pas impertinent de demander si beaucoup des cavaliers que nous voyons au Bois seraient en mesure de décider sur quel pied leur cheval galope.

« C'est de la fin du règne de Louis XVI que date la décadence de l'ancienne équitation française. La fureur de l'*anglomanie* en donna le signal. Les courses, qui dataient de 1604 en Angleterre, furent inaugurées en France en 1783. L'impulsion venait du comte d'Artois, depuis Charles X, et du duc de Chartres, depuis Philippe-Egalité. Elles eurent lieu à Vincennes. Le prince de Nassau, le marquis de Conflans, le prince de Guéménée, comptaient au premier rang des principaux amateurs qui firent courir.

« Celui-ci, trottant un jour à la portière du roi, éclaboussait outrageusement le carrosse royal. — « Mais vous me crottez, monsieur! » lui cria Louis XVI impatienté. — « Oui, sire, » répondit imperturbablement M. de Guéménée, qui était un peu sourd, *à l'an-glaise !* »

« La Révolution porta le dernier coup à la vieille méthode. Cependant, jusqu'à 1830, la haute école resta en honneur dans les écuries impériales et royales. M. d'Abzac en fut un des derniers et non des moins glorieux représentants. »

Le Président de la République avait tenu à venir présider cette fête militaire, à laquelle assistait aussi madame la Maréchale de Mac-Mahon, accompagnée de ses enfants, parmi lesquels on remarquait son fils aîné, caporal à Saint-Cyr. Dans la tribune présidentielle se trouvaient M. le général de Ladmirault, M. le général de Cissey, le général Champion, commandant l'École de Saint-Cyr; le général Geslin, commandant la place de Paris. Les deux commissaires, chargés de faire les honneurs de la fête, étaient M. le marquis de Mornay, président de la Société hippique de France, et M. B. de Mortemart, secrétaire de la Société.

L'industrie et l'art qui ont le cheval pour objet doivent beaucoup à la Société hippique : ils pourraient lui devoir plus encore. Bien que les chevaux qu'elle récompense, chaque année, soient, conformément à son programme, des chevaux de service, ce ne sont réellement aussi que des chevaux de luxe. Le cheval de gros trait, auquel incombent les plus durs travaux, qui passe sa vie à traîner les fardeaux les plus lourds, sans lequel le service du roulage, des omnibus, serait impossible, est complétement oublié par elle. Nous n'ignorons pas que les départements producteurs de ce cheval ne se font point faute d'en encourager l'élevage, mais un concours qui réunirait à Paris les chevaux de gros trait de toute la France, et où seraient récompensés les propriétaires des sujets les plus forts et les plus distingués, aurait un autre retentissement et d'autres effets qu'un simple concours départemental ou même régional! Cette exclusion, d'ailleurs, n'est point un fait constant dans les annales de la Société ; à l'une de ses premières expositions, toutes les races de service, indistinctement, avaient été appelées à concourir.

Le cheval est sans doute la plus noble conquête que l'homme ait faite..., mais c'est aussi l'une des plus utiles, et le percheron a droit à nos égards tout comme l'étalon d'Orient.

LES SALONS

Faire juger leurs œuvres par le public a toujours été la grande ambition des artistes. Les peintres et sculpteurs grecs exposaient leurs ouvrages sur les places et dans les rues d'Athènes, et la tradition nous montre Appelles caché derrière une de ses toiles et écoutant avidement les critiques des passants.

En France la première exposition artistique date de 1673 ; quelques-unes furent faites au Palais-Royal, dans la cour et en plein air, puis sous les galeries.

En 1699, Mansard ouvrit, dans le grand *Salon* du Louvre, la série des expositions périodiques des ouvrages de peinture, de sculpture, de gravure, etc., des artistes vivants : d'où leur nom. Depuis 1737, les Salons eurent lieu régulièrement, chaque année, jusqu'en 1848.

En 1849, on les transporta au palais des Tuileries, qui était alors inoccupé.

En 1850 et en 1852, le Salon se tint au Palais-Royal ; en 1853, aux Menus-Plaisirs, dans le faubourg Poissonnière.

En 1855, l'exposition des Beaux-Arts eut lieu dans un édifice provisoire, construit en bois, au point de jonction de l'avenue Matignon et du quai de Billy.

Le premier Salon du palais des Champs-Élysées

date de 1857. Bisannuel jusqu'en 1863, il est redevenu annuel depuis cette époque.

C'est donc une période de dix-huit ans, comprenant quinze salons, qu'il nous faut parcourir. Elle n'est, certes, ni la moins importante ni la moins curieuse de l'histoire du monument dont les destinées sont liées désormais à celle de notre école nationale, et si nous éprouvions un regret, ce serait d'être contraint d'abréger. Nous nous efforcerons, du moins, de restituer à chacune de ces manifestations artistiques les traits principaux de sa physionomie.

— 1857 —

Beaucoup d'absents parmi les illustres : rien d'Ingres, de Delacroix, de Decamps. Rien non plus de peintres distingués tels que Troyon, Jules Dupré, Rosa Bonheur. Les envois pourtant fourmillent. Grande habileté de main dans la plupart, mais peu d'œuvres originales.

Au lendemain de la guerre d'Orient, la peinture militaire devait occuper une place considérable dans ce Salon : la *Bataille de l'Alma*, par Horace Vernet ; le *Débarquement des troupes*, par Pils ; la *Bataille de la Tchernaïa*, par Charpentier ; la *Prise de Malakof*, par Yvon.

En fait de tableaux de genre, on remarque : le *Charles-Quint à Saint-Just*, de Robert-Fleury ; les compositions lilliputiennes de Meissonnier, entre autres la *Confidence ;* la *Sortie du bal masqué*, scène émouvante de duel, où un jeune homme, déguisé en pierrot, tombe en rougissant de son sang la terre blanche de

neige ; la gravure a depuis popularisé cette toile de
Gérôme ; les *Demoiselles des bords de la Seine*, l'un des
premiers défis de Courbet à la peinture idéaliste.

Un *Portrait de femme*, par Flandrin, retient les fins
connaisseurs, tandis que la foule se presse devant celui
de l'impératrice, qu'a peint Winterhalter.

Déjà, à cette époque, le paysage florissait, à la grande
colère de Gustave Planche, qui voulait bien accorder
son admiration à la manière poétique de Corot, mais
qui la refusait aux Daubigny, aux Français, aux Théodore Rousseau : non qu'il contestât l'extrême habileté de leur *faire*, mais il leur reprochait leur imitation littérale de la nature, et les renvoyait durement
à la photographie.

C'est le même Planche qui disait que le but de la
sculpture n'est autre que l'agrandissement du modèle
vivant par l'intervention de la pensée. Partant de ce
principe, il niait la valeur artistique de l'*Ariane*, de
Millet, du *Léandre*, de Guitton, de l'*Héro*, de Loison,
mais il reconnaissait de la grandeur et de l'invention
dans le *Lion au repos*, de Jacquemart.

Est-il besoin d'ajouter que Gustave Planche fut la
terreur des artistes de son époque?... Mais nous n'aurons plus à le citer ; ce Salon fut son dernier ; il mourut
en 1857.

— 1859 —

Nous sommes déjà loin de la guerre de Crimée :
les sujets de batailles intéressent peu ; néanmoins on
s'arrête encore devant le *Combat dans la gorge de Malakof*, d'Yvon. Quant à la peinture religieuse, elle est
complétement délaissée du public, et M. Timbal pour-

rait compter les visiteurs de son *Eglise triomphante*, et de ses *Funérailles d'un chrétien martyrisé sur la voie latine*.

C'est à d'autres dieux que désormais la foule s'adresse. Un *Retour de chasse*, de Puvis de Chavannes, premier indice d'un talent qui s'est développé par la suite; *César*, le *Roi Candaule*, les *Gladiateurs* sortis du pinceau érudit de Gérôme; *Rosa nera à la fontaine*, où se reconnaît la manière maladive d'Hébert, l'auteur de cette *Mal'aria* que tout le monde a contemplée; *Jeanne d'Arc*, œuvre posthume de Bénouville; la *Veuve du maître de Chapelle*, de Cabanel, un peintre qui a fait du chemin depuis lors; la *Toilette de Vénus*, de Baudry, le futur décorateur de l'Opéra; les *Sœurs de charité*, de madame Browne, où le sentiment faisait excuser l'inexpérience; les Intérieurs de Bonvin... la liste serait longue de ces toiles d'où le grand art est absent sans doute, mais où vont maintenant les préférences.

Et comment aussi énumérer les œuvres de l'école paysagiste? Citons, du moins, le *Rappel des glaneuses*, la *Plantation d'un calvaire* et le *Lundi,* ces scènes agrestes, grandioses dans leur familiarité, réelles et pourtant idéalisées, où Jules Breton imprimait la marque d'un talent déjà supérieur; un *Enterrement aux bords du Rhin*, de Brion, et une *Cheminée dans la forêt de Touques*, de Haussoulier. Le paysage oriental, dont Marilhat, Decamps et Delacroix nous avaient, les premiers, révélé les splendeurs, a là aussi ses peintres, Fromentin, dans les *Bateleurs nègres*, et ses dessinateurs, Bida dans la *Prière*.

Flandrin, Amaury-Duval, Lehman, Landelle, Ricard, restent les maîtres du portrait.

C'est encore aux portraits, en bustes et en statuettes, que la sculpture doit, cette année, ses meilleurs succès : *Buste d'Ary Scheffer*, de Cavelier, d'une *Romaine transtévérine*, par Clésinger.

Puis, des Sapho, des Andromède, des Médée, imitations plus ou moins réussies de l'antique. La *Fileuse*, de Moreau, le *Moissonneur*, de Gumery, la *Chute des feuilles*, de Schroder, etc., témoignent d'efforts méritoires dans le sentiment moderne.

— 1861 —

Horace Vernet avait fait, en 1857, une *Bataille de l'Alma* ; c'est le même sujet que Pils a choisi cette année, et il se trouve plus d'un connaisseur pour préférer sa toile à celle du peintre populaire de batailles. Yvon nous donne la *Bataille de Solférino*.

Les tableaux religieux abondent, mais la foi manque au public comme elle a manqué aux artistes. Le *Saint-Etienne*, de Quantin, les *Captives de Babylone*, de Landelle, renferment des détails de paysage et d'architecture pleins de jutessse, mais l'expression religieuse fait défaut aux personnages. On la trouve cependant à un degré suffisant, dans la *Mater dolorosa* de Rudder.

Voici Gérôme avec ses sujets archaïques, sa peinture minutieusement exacte des costumes et des mœurs : *Alcibiade chez Aspasie*, *Phryné devant le tribunal*, *Deux augures*, le *Hache-paille égyptien*. Nous avons de Cabanel la *Nymphe enlevée par un Faune* et le *Poëte Florentin* ; de Baudry une *Charlotte Corday* au moment où elle vient de tuer Marat ; la délicatesse et le goût étaient des qualités presque inattendues dans la peinture de ce drame terrible ; de Chaplin un *Groupe de trois enfants*, dans le genre mignard et joli de Boucher et de Chardin. Puis, des nymphes, des printemps, mille contrefaçons d'une ancienne manière déjà très-conventionnelle. Les élèves grimacent où les maîtres souriaient.

La *Tondeuse de moutons*, de Millet, avec sa rusticité franche, les *Sarcleuses*, de Jules Breton, composition à la fois familière et profonde, et le *Cerf à l'eau*, peinture large et vivante de Courbet, protestent contre cette afféterie. Citons aussi la *Paix* et la *Guerre*, deux toiles remarquées de Puvis de Chavannes, le *Berger de Kabylie*, de Fromentin, et parmi les innombrables matinées, couchers de soleil, effets de neige, champs de pommes de terre, les vues de Daubigny, Français, etc., etc.

Flandrin a peint, cette année, un *Prince Napoléon* fort admiré, et Dubufe une *Princesse Matthide* très-discutée.

Les maîtres de la sculpture n'ont point donné. *Cornélie et les Gracques*, de Cavelier, le *Désespoir*, de Perraud, un *Virgile*, de Thomas... la statuaire nous doit des Jardins plus complets et plus beaux.

— 1863 —

« Une médiocrité implacable semble avoir passé son niveau sur les œuvres exposées, et les avoir réduites à un à peu près général... On chercherait en vain une œuvre qui fût un point de départ pour une voie nouvelle » ; c'est Maxime Ducamp qui parle de la sorte, et précisément à propos de ce Salon. Il se plaint aussi qu'on ait abandonné le dessin pour la couleur, la

tradition pour la fantaisie, l'étude pour le laisser-
aller.

Quel remède à tant de maux ? La sévérité du jury ?
Mais voici que s'élèvent contre elle des réclamations
violentes, et que le pouvoir vient d'ordonner l'ouverture du *Salon des refusés*.

Restons dans le vrai Salon. Il nous faut y constater, une fois de plus, l'abandon de ce que quelques
fidèles nomment encore la grande peinture. Dans le
tableau religieux ou mythologique, « c'est maintenant
l'attribut seul qui constitue le sujet, » vous mettez à
un personnage des clefs dans les mains, c'est saint
Pierre ; cet autre sera Neptune ou Mercure uniquement parce qu'il tiendra un trident ou un caducée.
Toute femme nue sortant, sous un ciel bleu, d'une
mer bleue, sera une Vénus. Nous avons pourtant,
cette année, l'*Anadyomène*, de Cabanel, la *Vague* aux
tons blancs et blonds, de Baudry, et le *Moïse abandonné
sur le Nil*, de Matout, scène où l'Orient est rendu avec
éclat et vérité.

Ne quittons point ces splendeurs du pays du soleil
sans admirer le *Fauconnier arabe*, de Fromentin ; le
Bivouac au lever du jour, du même, scène algérienne
d'une facture solide et fine ; et surtout le *Prisonnier* où
Gérôme a su mettre, dans une barque flottant sur le
Nil, toute l'Égypte moderne, d'ailleurs si peu connue,
et résumée par ce fellah enchaîné, victime résignée
du Turc qui la raille.

En fait de tableaux militaires, il faut bien citer le
Matin avant l'attaque, et son pendant le *Soir après le
combat*. Protais compte de nombreux partisans parmi
les bourgeois.

Le paysage le plus admiré, cette année, est sans

conteste l'*Orphée pleurant Eurydice*, de Français. *Ah!
miseram Eurydicem!* On ne pouvait traduire plus élo-
quemment Virgile.

Contrairement aux tendances de l'époque, *Saint
Jean* et *Narcisse*, les deux statues de Paul Dubois, s'inspirent uniquement de la recherche de l'idée et du
beau. L'*Ugolin*, de Carpeaux, a une singulière intensité
de mouvement et de vie.

— 1864 —

On disait : le siècle de Périclès, d'Auguste, de
Louis XIV ; pourquoi ne dirait-on pas aussi le siècle de
Napoléon III ? Et cet empereur se mit à encourager
les arts. Cabanel vit sa Vénus et Baudry sa Vague
fort prisées en haut lieu. C'est pourquoi le présent
Salon est plein de Vénus, de Dianes, d'Eves, de Nymphes, toutes nues ou dans un déshabillé provocant,
exhibées sous tous les aspects. Cependant une *Etude
d'enfant*, d'Amaury-Duval, prouve qu'on peut faire
chaste et nu à la fois.

Gustave Moreau s'obstine dans la grande peinture.
Œdipe et le Sphinx est une toile hardie où la pensée est
égale à l'exécution. La foule pourtant ne s'y porte
guère ; elle semble avoir peur de l'effort nécessaire pour
comprendre ces compositions symboliques , et ces
peintres-là ne sont point son fait, auxquels on peut appliquer le mot de Pline sur Timanthe : « Dans tous les
ouvrages de ce peintre, il y a quelque chose de sous-
entendu, et quelque loin qu'il ait poussé l'art, son
esprit va encore au delà. »

Elle aime mieux la campagne, qu'on l'interprète ou

qu'on se borne à la fidèlement reproduire. Elle goûtera
le charme mystérieux que Cabat a su mettre dans une
Source dans les bois, Rousseau dans une *Chaumière sous
les arbres*, Français dans le *Bois sacré*, et Corot dans un
Souvenir de Mortefontaine, Corot auquel un ciel, un
étang brumeux et un arbre suffisent pour créer et nous
émouvoir. Elle s'arrêtera devant la *Gardeuse de dindons*,
de Jules Breton, devant l'*Arabe en chasse*, belle toile
orientale de Schreyer; elle se plaira aux trompe-l'œil
de Desgoffe, *Fruits et bijoux*, de Maisiat, *Fruits cueillis*,
à toutes ces natures mortes où l'habileté du pinceau
atteint son plus haut degré. Puis, elle s'étonnera peut-
être si, sa visite finie, elle s'entend objurguer par un
critique pourtant bienveillant. « Le procédé, lui criera
Théophile Gautier, le procédé atteint un point de perfection inquiétant, car la main devient tellement habile
qu'elle semble pouvoir se passer de la tête !

Mais l'étonnement passera vite, car son patriotisme
sera convié à admirer le groupe du sculpteur Crauk : *La
Victoire couronnant le drapeau français*. Puis elle défi-
lera devant le *Buste de Champollion*, de Rougé, tardif
hommage rendu à une illustre mémoire, la *Palom-
bella*, de Carpeaux; et enfin, s'extasiant devant le *Vainqueur au combat de coqs*, de Falguière, elle pourra s'é-
crier à son tour : La sculpture, du moins, n'est pas morte !

— 1865 —

Les refusés, dont la deuxième protestation avait été
accueillie avec indifférence par le public, prennent,
cette année, le sage parti de remporter leurs toiles et
leurs statues.

L'art est en deuil. Flandrin et Troyon viennent de mourir. Qui remplacera le peintre qui, dans un portrait, savait mettre de l'idéal? qui succédera au vigoureux et franc paysagiste ? Ce n'est point ce Salon qui nous l'apprendra, bien qu'il fourmille de messieurs et de dames congrûment représentés, de vues pittoresques et d'études champêtres.

Les sujets religieux doivent, au crayon de Bida, un regain de popularité. On admire, de cet habile interprète de la Bible, le *Départ de l'enfant prodigue* et *Paix à cette maison*, deux dessins où la vérité des types orientaux le dispute à l'exactitude des costumes. On sent que Bida a vu ce qu'il dessine. — Gustave Moreau poursuit le cours de ses allégories. Le *Jason* est une toile d'un grand style. Médée, debout derrière le héros, est bien la sirène qui détruira sa force et sa vaillance. La *Diane chassant l'amour*, de Baudry, est peinte dans les tons bleus, blancs et blonds chers à ce maître.

Ribot, lui, voit tout en noir; sa *Répétition* semble sortir de l'encrier.

Ce sont Kaplinski et Schreyer, deux étrangers, qui remportent la palme de la peinture d'histoire. La *Charge d'artillerie de la garde à Traktir*, du second, est une belle et énergique composition. Aux autres artistes en ce genre, on peut dire avec Maxime Ducamp : « C'est moins le sujet en lui-même que la façon dont il est traité qui constitue la peinture d'histoire; il y a des tableaux de vingt pieds de long qui appartiennent à la peinture de genre. »

Que de ressources, pourtant, dans celle-ci, quand elle est traitée avec talent! Quelle mélancolie profonde respire la *Fin de la Journée*, de Jules Breton ! Ce ne sont que d'humbles faneuses qui se reposent après le rude labeur du jour, mais quel sentiment, quelle fatigue résignée dans leur attitude ! — Fromentin, fidèle à l'Orient, nous montre les *Voleurs de nuit* dans le Sahara. C'est aux *Nouvelles fouilles de Pompéï* que nous fait assister Français.

En sculpture, deux œuvres remarquables : le *Joueur de luth*, élégant sans afféterie, de Paul Dubois, et l'*Aristophane*, de François-Clément Moreau. Toutefois cet Aristophane tient trop du satyre : c'était aussi un philosophe que ce Grec de génie qui riait des préjugés et des vices pour n'être point obligé d'en pleurer.

— 1866 —

Les chevaux, cette année, font tort à la grande sculpture. On a dû la reléguer dans la galerie Nord du rez-de-chaussée, la nef principale, consacrée d'ordinaire au jardin, ayant été, jusqu'à la veille de l'ouverture du Salon, occupée par le concours hippique. Les statuaires, qui réclamaient ce fameux jour d'atelier à 45 degrés, doivent être satisfaits. Mais combien leurs œuvres y perdent, frappées crûment par la lumière, au lieu d'être, comme autrefois, doucement noyées dans la pénombre des arbustes ! L'*Angélique*, de Carrier-Belleuse, se tord sur son rocher autant pour échapper au soleil qui la mord qu'au monstre qui la menace. Les chaînes en cuivre doré qui lui étreignent les chevilles et les poignets, rendent plus choquante encore l'alliance du jaune métal avec la blancheur du marbre. *Daphnis et Naïs*, de Loison, voudraient plus de mystère, au moment de quitter le bois où ils viennent d'appliquer le distique d'André Chénier :

— J'entrai fille en ce bois, et chère à ma déesse.
— Tu vas en sortir femme, et chère à ton époux.

Enfin la *Jeanne d'Arc écoutant ses voix*, de Clère, aurait besoin de mettre ses mains devant ses yeux au lieu de les contourner en pavillon autour de son oreille. Seul, le noble buste de Paul de Flotte, par Soytoux, paraît aise de la pleine lumière.

Dans les galeries du premier étage, les groupes se forment devant la *Garde meurt*, 18 *juin* 1815, dernière œuvre d'Hippolyte Bellangé, mort dans l'année. Nul mieux que lui ne rendit les sentiments et les attitudes du troupier français. La *Charge des cuirassiers à la bataille de la Moskowa*, de Schreyer, attire aussi les regards; mais le vrai succès de foule est pour la grande toile de Tony-Robert-Fleury, *Varsovie, le 8 février* 1861. C'est la fête de l'Assomption; les Polonais en prière tombent sous les balles des Russes. Spectacle terrible et émouvant.

Plus loin, c'est Gérôme qui retient ses admirateurs, avec sa *Cléopâtre* apparaissant demi-nue devant César, avec sa *Porte de la Mosquée d'Hacanin*, garnie de têtes coupées; c'est Timbal avec la *Muse et le poëte;* c'est Gustave Moreau, avec son *Diomède dévoré par ses chevaux*, et son *Orphée* dont une jeune fille tient dans ses mains la tête et la lyre, apportées par les flots de l'Hèbre. Mais ce peintre est déjà fort contesté. En revanche, on admire la *Tribu nomade en marche vers les pâturages du Tell*, œuvre charmante, élégante et fine, de Fromentin, et celle aussi de Berchère, un autre orientaliste, *le Ralliement des Caravanes à la halte de nuit.*

Enfin si la *Remise aux chevreuils* de Courbet plaît par sa facture large et solide, la *Femme au perroquet* du même peintre étonne et choque par son parti pris de grossier réalisme.

— 1867 —

Peu de maîtres à ce Salon. Les absents réservent sans doute leurs œuvres pour l'Exposition universelle qui va s'ouvrir au Champ-de-Mars.

Les toiles n'en abondent pas moins, et parmi elles il s'en trouve de fort remarquables. Le genre et le paysage, qui se tiennent de près, à notre époque, s'appuient, dit un critique, sur une base solide qui est l'observation de la nature. Si on y ajoute le style, on touche au but que l'art se propose. Jules Breton, dans le *Retour des champs*, fournit une preuve nouvelle de l'alliance des deux genres et de la réunion des deux qualités.

Le *Marché d'Esclaves*, où Gérôme expose une Abyssinienne nue à qui un djellab retrousse la lèvre pour exhiber la blancheur des dents ; une *Vue du lac de Genève*, de Théodore Rousseau, la *Forêt de Windsor*, de Mac-Callum, un nouveau venu ; les *Perroquets flamands* et les *Éléphants d'Afrique*, de Tournemines, dans des genres bien différents, on le voit, se distinguent aussi par cette qualité précieuse : le style.

Qu'importe, là où il domine, le sujet représenté, le procédé et la dimension de la toile ? On l'admirera dans le *Vertige*, de Lévy, comme dans l'*Épisode de la Saint-Barthélemy*, d'Isabey ; dans le *Supplice des Coins*, de Ribot, malgré sa manière brutale à la Ribeira et sa coloration noire propre à l'auteur ; comme dans l'*Abandonnée* où Schreyer a résumé, dans une charrette pleine de cadavres, arrêtée sur une route, toutes les horreurs d'après la bataille ; comme enfin dans les *Vierges folles* et l'*Hérodiade*, splendides dessins où Bida s'est surpassé. Mais où croyez-vous que, cette année, les dévots de l'art, les gourmets se soient surtout complus à le reconnaître et s'en délecter ? Dans une nature morte, dans le *Bouquet de roses moussues*, de Maisiat. La vie végétale a été saisie et rendue avec une vérité, une intensité, qui font peut-être de cette petite toile le chef-d'œuvre du salon !

La sculpture, dans son domaine, n'a point offert de résultat analogue, malgré le talent déployé par Carrier-Belleuse dans son *Messie* et dans *Entre deux Amours*, groupe gracieux où une jeune femme presse un bambin sur son cœur, tandis que Cupidon lui murmure de doux mots à l'oreille, et par Léon Cugnot dans sa *Fileuse de Procida*. Quant au *Faune dansant à la corde*, ce n'est qu'un tour de force agréable.

— 1868 —

« Aujourd'hui, disait About en cette année-là, une exposition ressemble à une symphonie fantastique où tous les exécutants jouent à la fois chacun son air. » La tradition, toutefois, a conservé encore quelques zélés, et la discipline quelques observateurs. Témoin Bin, qui nous fait assister à la *Naissance d'Ève*, Mazerolle à celle de *Minerve*, et Jules-Louis David, le petit-fils du grand David, à l'*apothéose de Psyché*.

Mais ces œuvres exceptées, la débandade est générale. Et le choix du sujet n'y fera rien. Marchal peindra une *Pénélope* et une *Phryné* dans un sentiment moderne qui les rendra populaires; Gérôme vous montrera une *Jérusalem après la mort du Christ*, où les maîtres de la peinture religieuse ne se retrouveraient plus; Fromentin fera galoper, dans un Eden, deux *Centaures* mâle et femelle, tout fringants de coquetterie parisienne. La vue de ces ménages souriants et ruants, dit le spirituel critique cité tout à l'heure, éveille dans l'esprit des imaginations de la dernière incohérence, où le haras envahit le boudoir.

Quant aux tableaux franchement actuels, on les compte par centaines dans la peinture de genre : la *Femme couchée* de Lefebvre, une dame nue, bien faite et provocante; l'*Exécution du maréchal Ney*, où le livret est indispensable pour comprendre de quoi il s'agit, et les toiles de Stevens, de Toulmouche, etc., etc.

Mais dans le paysage on ne pourrait plus les compter. Citons seulement le *Lever de lune*, de Daubigny, les *Genêts*, de Bernier, un admirable *Sous Bois*, de César de Cock, le *Soir en Égypte*, de Belly; mentionnons les noms d'Émile Breton, de Hanoteau, de Chintreuil, de Daubigny fils, de Flahaut, et disons pour plusieurs des autres, « que rien ne vivra en peinture que ce qui est dessiné, comme rien ne durera dans les lettres que ce qui est écrit. »

Le portrait se soutient mieux que les autres genres. Ici, il faut travailler d'après le modèle et non d'imagination ou de mémoire; il faut retoucher, corriger, faire ressemblant. Or, il n'y a pas de ressemblance sans dessin. Cabanel, Dubufe, Jalabert, Landelle, Chaplin, Winterhalter, Pérignon, Carolus Duran, Lehman, Adolphe Leleux, Glaise sont toujours les artistes aux-

quels le monde officiel et le public s'adressent de préférence.

La sculpture se relève. Le *Discobole*, de Deschamps,
un artiste trop tôt pris par la mort ; *Diogène*, de Lepère,
le *Réveil du Printemps*, de Cabet, attirent et retiennent
le regard. On admire le sentiment profond que Falguière a su donner à son *Martyr ;* mais c'est le *Maréchal Ney*, de Jacquemart, qui est le grand succès du
Jardin.

— 1869 —

Bonne année pour la grande peinture. Bin a exposé
un *Prométhée enchaîné* d'un style remarquable ; Bonnat
une *Assomption*, et Chenavard la *Divine Tragédie*. Mais
il n'a pas fallu moins de cinquante lignes de petit texte
pour expliquer le sens de cette composition philosophique, dont plusieurs parties sont d'ailleurs traitées
avec habileté. Le *Juan Prim*, de Regnault, est mieux
que la promesse d'un grand talent. « L'homme et la
bête font un groupe héroïque du plus puissant effet. »
Enfin Hébert a donné la *Lavandara*, sujet italien dans
la note mélancolique propre à cet artiste.

Parmi les portraits, on remarque surtout ceux de
· *Charles Garnier*, l'architecte de l'Opéra, par Baudry, le
décorateur du même monument, et du baron *Haussmann*, par Henri Lehman.

Le paysage et le genre sont représentés par le *Grand
Pardon* et les *Mauvaises herbes*, de Jules Breton ; le *Ha-
rem en promenade*, de Gérôme ; le *Conteur Arabe*, de Boul-
langer. Mais la portion difficile du public commence
à trouver que ces peintres se répètent singulièrement,

de même que Toulmouche avec ses charmantes pari-
siennes, Tournemine avec ses perroquets et ses éléphants, etc., etc. Elle reconnaît la valeur de la *Leçon de
tricot*, de Millet, mais elle se plaint de ce que la toile
est trop vaste. Les vues nébuleuses et poétiques de
Corot la font toujours rêver, et elle n'a rien perdu de
son admiration pour le faire habile de Daubigny, de
Français (le *Mont Blanc*), de Didier (les *Piqueurs de
bœufs*). Enfin elle continue de s'extasier devant les natures mortes de Blaise Desgoffe, Vollon, Maisiat et
Philippe Rousseau.

L'œuvre capitale de la sculpture est une figure en
marbre de Perraud, intitulée le *Désespoir*. Il fallait le
marbre pour donner tout son relief à cette figure que
l'on avait vue en plâtre, au Salon de 1861. Cavelier et
Jacquemart ont fait chacun une statue équestre, l'un de
François Ier, et l'autre de *Louis XII*. La *Cléopâtre*, de Clésinger, et *l'Ophélie*, de Falguière, attirent par des quali-
lités différentes. On s'arrête devant le *Repos* de Mathu-
rin Moreau, une femme endormie tenant un enfant
sur son sein. Le *Bœuf* d'Isidore Bonheur et le *Valet de
chasse* de Mène sont fort remarqués. Enfin les amateurs de sujets exotiques ont de quoi de se satisfaire
devant le *Modèle d'une fontaine égyptienne*, par Cordier.

— 1870 —

L'administration n'intervient plus en rien dans les
mesures ou les actes relatifs au Salon. Formation de la
liste du jury, placement des œuvres admises, récompenses à décerner, tout a été abandonné aux intéres-

sés. C'est peut-être à l'État par trop se tenir à l'écart.
Les résultats, au reste, n'ont point répondu à la commune attente. « Si l'on en juge, disait un critique du
temps, M. Delaborde, sur certains verdicts, l'esprit de
démocratie dans les arts ressemblerait, à s'y mépren-
dre, à l'esprit de camaraderie ou aux petites vengean-
ces de la vanité. » D'un autre côté, l'ordre alphabé-
tique adopté pour le placement a eu pour effet de
reléguer dans l'ombre plus d'une toile de maître.

Contrefaçon du passé, depuis la peinture italienne
et flamande du dix-huitième siècle, ou imitation servile
de la matière, tel est d'ailleurs le signe caractéristique
de ce Salon.

Est-ce à dire qu'il ne s'y trouve point d'œuvres de
valeur ? Non certes. Le *dernier jour de Corinthe*, de
Tony-Robert-Fleury ; la *Salomé*, de Régnault, au coloris éclatant qui rappelle celui de Delacroix, aux chairs
fermes et vivantes, à l'expression sauvage et hardie ;
la *Vérité*, de Lefebvre, dans une manière tout opposée ;
le *Matin et le soir de la vie*, d'Hébert ; la *Décollation de
saint Jean-Baptiste*, de Puvis de Chavannes ; la *Fran-
çoise de Rimini*, de Cabanel ; les *Derniers Moments d'un
condamné à mort en Hongrie*, scène effrayante d'un
peintre étranger, Munkacsy, sont des toiles qui méritent de fixer le regard.

Et dans le genre et dans le paysage, une *Fête juive à
Tanger*, de Dehodencq, le *Charmeur*, de Victor Giraud,
le *Verger*, de Mme Collard, les *Lavandières* et les *Fileuses*,
de Breton, les *Marines*, de Courbet, et surtout *Au bord
de l'Océan*, de de Curzon, attestent des qualités remarquables.

Mais que de toiles, en revanche, par centaines, par
milliers, qui ne se distinguent que par ce qu'on pour-

rait appeler le style bric-à-brac, ou par une plate et minutieuse copie de la réalité !

Depuis que les sculpteurs ont pris l'habitude de travailler eux-mêmes le marbre, au lieu de se contenter, pour la reproduction du modèle en plâtre, de l'habileté toute mécanique du praticien, leur art a fait de sensibles progrès. L'*Arion*, de Hiolle, est un morceau tout à fait digne d'éloges. On apprécie aussi le *Persée*, de Tournois, la *Jeanne d'Arc à Domremy*, de Chapu, le *Rapsode*, de Moric, un débutant qui promet, et le *Napoléon Bonaparte, lieutenant d'artillerie*, de Guillaume. Falguière a réédité en marbre, son *Vainqueur au combat de coqs*, qui avait d'abord paru en bronze, et le sculpteur a prouvé, par ses retouches, qu'il comprenait les conditions de la matière nouvelle adoptée pour sa belle œuvre.

— 1871 —

Mai a ramené l'époque habituelle du Salon. Mais ce n'est ni de tableaux, ni de statues, ni de paisibles visiteurs que, ce printemps, est peuplé le Palais. Ses échos résonnent de bruits de guerre ; les insurgés de la Commune encombrent ses galeries de canons et de chevaux. Et bientôt, au moment même où, chaque année, la fête des arts est dans toute sa splendeur, les boulets de la révolte vont tomber, en grondant, sur l'édifice, briser les vitres du dôme et détruire à moitié la statue de la Patrie qui domine l'entrée principale.

Tel fut le Salon de 1871. Cette année doublement néfaste n'en pouvait avoir d'autre.

— 1872 —

Mais les plaies du monument sont bientôt cicatrisées, et la France dont, quelques semaines après la guerre, l'industrie avait figuré avec honneur à l'Exposition de Londres, va montrer que le génie artistique ne l'a point non plus abandonnée. Plus de deux mille tableaux, dessins ou statues, porteront témoignagne pour elle.

C'est un portrait qui occupe la place d'honneur du grand salon. Un « petit bourgeois » apparaît dans le panneau jadis réservé aux souverains. Mais ce petit bourgeois, c'est l'illustre citoyen qui gouverne la France après l'avoir sauvée : c'est Monsieur Thiers ! Mlle Nélie Jacquemard l'a peint ressemblant, sans doute, mais peut-être lui a-t-elle donné un air trop guindé. Une certaine grâce familière pouvait ici s'allier à la dignité, et la copie n'en eût été que plus conforme au modèle.

Nombre de chefs militaires sont là aussi représentés, entre autres le Maréchal Canrobert (par Jalabert), mais les préférences des connaisseurs vont aux portraits d'About, par Baudry, du sculpteur Cavelier, par Dupuis, et de l'Alboni, par Pérignon.

Les tableaux de bataille ne pouvaient manquer. Ils sont, en général, empreints d'un profond sentiment de vérité : on s'aperçoit que nos artistes ont tenu un fusil avant de prendre le pinceau. Il suffira de citer, pour que l'œil de la pensée les revoie, le *Coup de canon*, de Berne-Bellecourt, la *Charge de Reischoffen*, de John Lewis Browne ; les scènes militaires de Protais ; le *Bivouac devant le Bourget*, de de Neuville, l'un des meilleurs de ce Salon ; une *Famille alsacienne émigrant en*

France, véritable cri de haine de Schutzenberger ; et, couronnant ces œuvres patriotiques, l'*Alsace*, de Mme Henriette Browne, que la gravure a répandue dans toutes les parties du pays français.

Toutefois, c'est à l'auteur de deux œuvres d'art pur que sera décernée la grande médaille d'honneur, à Jules Breton, pour sa *Fontaine* et sa *Jeune fille gardant les vaches*, toiles d'une poésie à la fois simple et grandiose.

L'*Épisode de l'éruption du Vésuve*, de Thirion, est d'un grand effet ; la *Mort du duc d'Enghien*, de Laurens, captive aussi le regard, mais le *Damoclès* est une erreur de Couture.

La vieille légion des paysagistes est toujours là : Corot, Cabat, Daubigny, Français, Fromentin, Th. Rousseau, Tournemine, etc., la foule retrouve avec joie ces amants fidèles de la nature, dont ils interprètent ou reproduisent, d'un pinceau jamais lassé, les aspects toujours beaux et toujours divers.

Les natures mortes ont conservé, aussi, leurs peintres et leur public. Nous n'en voulons pour preuve, entre tant de compositions délicates et charmantes, que le petit chef-d'œuvre intitulé les *Confitures*, et signé Philippe Rousseau.

« Parmi les sculpteurs, les uns, disait Duvergier de Hauranne, s'inspirent de l'antiquité ou de la renaissance, soit italienne, soit française, comme Mercié, Hiolle, Gautier, Barrias, Guillaume. Les autres, plus brillants et plus modernes, semblent s'inspirer du dix-huitième siècle français, dont les mœurs et les idées ont tant d'analogie avec les nôtres. Ces derniers ont pour chefs Carpeaux et Falguière. »

Le premier de ces deux maîtres a exposé un groupe ,

Les quatre parties du monde soutenant la sphère, où la grâce et la liberté de la figure humaine se concilient sans effort avec l'aspect monumental et la pureté des lignes. On a du second une *Ophélie*, admirable statue de la folie. Noël a voulu, lui, s'inspirer de Gœthe, mais sa *Marguerite* se tord avec une fureur dont la douce Gretchen ne fut jamais capable. Allouard a fait aussi une *Marguerite ;* plaintive et résignée, elle est plus dans le sentiment du personnage. Elle est bien mignarde, la *Psyché abandonnée*, de Carrier-Belleuse !

La guerre a été aussi une inspiratrice pour les sculpteurs : la *Victoria, Mors*, de Moulin, où la victoire est représentée par la mort elle-même, est un rêve lugubre réalisé avec énergie. Cabet a fait une *Année* 1871 pleurant sur ses malheurs.

Mais les deux œuvres capitales du Jardin sont le *David*, de Mercié, et le *Spartacus*, de Barrias, l'un plein de grâce et de force, l'autre de mouvement et de haine tourmentée.

Ce Salon nous a retenu plus longtemps que les autres, mais nous avions à cœur de constater que notre pays, malgré tant de désastres, n'avait rien perdu de sa suprématie dans les arts. On peut lui ravir des provinces, mais l'amour du beau et la puissance pour l'exprimer lui resteront toujours !

— 1873 —

De l'avis des critiques d'art, après plusieurs années de décadence, notre Salon se relève. Ce n'est point qu'on y trouve beaucoup d'œuvres de grand style ; mais les peintures fines, ingénieuses, pittoresques y abondent, et la plupart se distinguent par un véritable talent d'observation et une habileté de main remarquable.

Quoi de plus charmant, par exemple, que le *Scherzo*, de Bonnat, où deux jeunes paysannes des Abruzzes se caressent au soleil ; de plus touchant et de plus naïf que la *Bretonne en pèlerinage*, de Jules Breton ; de plus mélancoliquement maladif que la *Madona adolorata*, d'Hébert ; de plus gracieux que l'*Idylle*, de Bertrand ? Les compositions religieuses et historiques, si elles ne sont traitées avec un talent tout à fait supérieur, laisseront froid en comparaison de ces simples toiles, et le public qui veut comprendre avant d'accorder sa sympathie, ne pourra s'y reconnaître à travers les *Ténèbres*, de Gustave Doré, et l'*Invasion*, de Joseph Blanc. Il préférera encore s'arrêter devant le *Réfectoire des religieuses*, de Bonvin, et même, dussent les délicats crier au scandale, devant le *Bon Bock*, de cet original de Manet.

Puis, comme il est patriote, ce qui ne l'empêche pas d'être connaisseur, il admirera entre tous les tableaux militaires, *En retraite*, de Detaille, et les *Dernières cartouches*, de de Neuville, deux toiles hors de pair par le mouvement, la variété, la vie et la distinction de la couleur.

Parmi les portraits, il donnera, cette année, la préférence à celui de M. Dufaure, par Mlle Jacquemart, qui s'entend mieux à peindre les hommes que les femmes, et à celui d'une jeune Anglaise à cheval devant la mer, de Carolus Duran.

On a dit que notre école de paysage était en décadence. La *Pastorale* et le *Passeur* de Corot, la *Plage de Villerville*, de Daubigny ; les effets de neige d'Émile Breton et son *Soleil couchant après l'orage* ; la *Rivière*

sous bois de César de Cock, la *Pluie et Soleil* de Chintreuil, les *Étangs* de Lambinet, L'*Été* de Veyrassat,
les *Animaux* de Palizzi et de Schenck... quelles œuvres faut-il encore appeler en témoignage contre cet
injuste verdict?

Quant à notre école de sculpture, nul n'en oserait
contester les progrès, en présence de l'*Ève naissante* de
Paul Dubois, de la *Danseuse égyptienne* de Falguière,
du *Secret d'en haut* de Moulin, de l'*Andromède* de Gautier, de la *Fileuse* de Cugnot, du *Réveil* de Franceschi,
de la *Source de Poésie* et du buste de *Mgr Darboy*, de
Guillaume.

— 1874 —

« Il y a, dans l'art comme dans la politique, une espèce de parti légitimiste qui invoque le principe de
l'autorité traditionnelle, et qui en conserve pieuse-
ment le dépôt... Ces classiques obstinés demeurent
vaillamment sur la brèche... Est-ce M. Bin qui est
aujourd'hui leur chef? » Telle est la question que se
posait, l'an dernier, le critique de la *Revue des Deux-
Mondes*. Et il était bien près d'y répondre affirmative-
ment. Le fait est que M. Bin cultive, avec opiniâtreté,
la grande et même la gigantesque peinture. Les fidèles
de la tradition l'en louent, et auprès des autres il a du
moins cette excuse qu'il sait mieux dessiner que pas
un. Sa *Vénus Astarté* tordant au-dessus des vagues ses
cheveux roux, est d'un effet magistral. Un *saint Jean-
Baptiste* de Cabanel, une *Jalousie au sérail* de Cormon,
le *Christ en Croix* de Bonnat, ont aussi contribué à
prouver que la peinture de style n'était point tout à
fait délaissée.

Parmi les tableaux de genre, on a surtout remarqué : l'*Éminence grise* de Gérôme ; mais on a trouvé plus spirituelle que vraie cette manière de comprendre l'histoire ; la *Jeune fille dans la rosée* de Carolus Duran ; l'*Amour et la Folie* d'Émile Lévy, et le *Chemin de fer*, où Manet a... peint ?.. une mère et sa fille regardant un chemin de fer à travers un grillage ; puis les toiles pimpantes de Toulmouche et de Vibert, le *Livre sérieux*, la *Réprimande*, etc.

La *grande-duchesse de Gérolstein* confine à la fois au genre et au portrait ; Mlle *Judic* est frappante de ressemblance, dans sa grâce un peu rajeunie.

On se porte toujours avec une curiosité émue devant les tableaux militaires. Detaille et de Neuville ont trouvé moyen de se surpasser, l'un dans la *Charge des cuirassiers* et l'autre dans le *Combat sur une voie ferrée*. Vérité de types, précision scrupuleuse de détails et de mouvements : voilà bien la vraie guerre. Il faut l'avoir vue de près pour la peindre ainsi.

Daubigny père a exposé un *Champ au mois de juin*, des coquelicots au premier plan, et un ciel profond derrière ; Wahlberg, un *Bois de hêtres*, Émile Breton, l'*Automne*, Mesdag, la *Mer du Nord*, Guillemet, *Bercy en décembre*.

Le grand succès est pour la *Falaise* de Jules Breton, une paysanne couchée sur le ventre et l'œil tendu vers la mer. Les moyens sont simples, l'effet obtenu est prodigieux. Nous allions oublier l'*École des frères* de Bonvin, petit chef-d'œuvre digne des Hollandais.

L'exposition de sculpture est superbe ! Vingt œuvres se disputent les regards : la *France en deuil* de Doublemard, les Monuments funéraires de Barrias et d'Hiolle, le *Rétiaire* de Noël, la *Prêtresse d'Isis* de Cordier, *Ceinture dorée*, gracieuse et provocante fille, de d'Épinay, un *Persée délivrant Andromède* de Lavigne, les Bustes de Dumas fils par Carpeaux, et d'Henri Monnier par Moulin.

Mais deux chefs-d'œuvre s'imposent à l'admiration unanime : le *Narcisse* de Dubois, artiste de qui on a dit que, s'il eût été citoyen d'Athènes, le peuple lui eût voté des couronnes pour avoir tiré du marbre de Paros cette divine figure ; et le *Gloria Victis* de Mercié. Quel amour et quelle sublime colère tout à la fois, dans le geste souverain dont le Génie saisit sa triste proie pour l'entraîner vers le ciel ! — En décernant le prix d'honneur à ce groupe, le jury n'a fait que confirmer la décision du public.

— 1875 —

C'est merveille de voir avec quelle rapidité le Palais subit les métamorphoses que rendent nécessaires ses utilisations successives. Ainsi, le 19 avril dernier, les pistes, les obstacles, la rivière du concours hippique occupaient encore la grande nef, et moins de huit jours après, celle-ci était transformée en un magnifique jardin. Maintenant ce sont les industries de la mer et des fleuves, les bruyantes machines, l'aquarium, qui ont pris la place des statues et des tableaux ; et qu'il a fallu peu de temps pour un tel changement de décor !

Mais revenons au Jardin, c'est-à-dire à la sculpture.

Primitivement cette exposition se faisait concurremment avec celle de la Société d'horticulture, et, jusqu'en 1862, un jardin anglais, dessiné par les soins de

la Société, recevait les plâtres, les marbres et les bronzes. Mais, à partir de 1863, l'Exposition d'horticulture
ayant cessé de se faire au Palais, l'administration des
Beaux-Arts se chargea elle-même du jardin, qu'elle
dessina à la française. Après la guerre, l'ordre de
choses primitif reprit son cours, mais le jardin, disposé
d'une façon très-intelligente au point de vue horticole,
fut définitivement jugé défectueux au point de vue de
la facilité d'examen pour le public. Les arbres trop
élevés, les arbustes trop nombreux empêchaient toute
comparaison et tout coup d'œil d'ensemble.

Le jardin français a donc triomphé, et c'est M. Masson, jardinier en chef du Palais, qui a été chargé de
satisfaire aux réclamations des exposants. Disons ici
qu'il s'est acquitté de cette tâche d'une façon digne
d'éloges. Les huit grands panneaux plantés de gazon,
les plates-bandes distribuées à chacune des extrémités
de la nef, les sables multicolores des allées, tout cela
forme une décoration à la fois simple et pittoresque,
à laquelle contribuent aussi les plantes provenant des
serres de la ville.

Au milieu du jardin, entouré de palmiers, se dresse
le groupe de Mercié, *Gloria Victis*, tant admiré l'année
précédente. L'œuvre, cette fois, est en bronze. On sait
qu'elle appartient à la ville de Paris, et qu'elle est destinée au square Montholon.

C'est du marbre que le *Secret d'en haut*, de Moulin,
a reçu sa perfection définitive. Le sourire et le geste
de Mercure sont incrustés dans une matière qui en
saura conserver la finesse.

Le *Rétiaire* de Noel, le *Chien de Montargis* de Debrie,
l'*Homme de l'âge de pierre* de Frémiet, le *Jeune Gaulois*
de Baujault, la *Bacchante et la Panthère* de Caillé, le

Corybante de Cugnot, la *Jeunesse et la Chimère* d'Au-
bée... on voit que ce ne sont pas les reproductions
qui manquent cette année.

En revanche, les morceaux nouveaux sont relativement rares.

La foule s'arrête, avec une curiosité émue, devant
la *Jeunesse*, monument élevé, par M. Chapu, à la mémoire d'Henri Regnault et des élèves de l'École des
beaux-arts tués pendant la dernière guerre. Une
jeune fille, nue jusqu'aux reins, se hausse sur la pointe
d'un pied et s'appuie sur un genou, cherchant à fixer
un rameau de laurier d'or sur la plinthe d'un tombeau. L'idée est touchante, facile à saisir, et n'évoque
d'ailleurs aucune des terreurs de la mort.

Le *Jacques Cœur* d'Auguste Préault a une belle attitude, à la fois simple et ferme. Le regard est intelli-
gent, loyal, énergique. On y reconnaît l'homme qui,
selon le mot de Michelet, inventa en finances la chose
inouïe, la justice. On y sent aussi le bienfaiteur de la
royauté et de la patrie, préparé à toutes les désillusions
et à toutes les ingratitudes. Cette statue est destinée à
Bourges, ville natale du célèbre argentier.

M. Noël a fait une *Juliette* mourante, essayant de soulever le cadavre de Roméo. L'effet produit par ces deux
corps, dont l'un est allongé sur l'autre, est assez étrange
au premier abord. On comprend mieux et l'on admire
plus volontiers l'*Éducation maternelle* de E. Delaplan-
che, une paysanne enseignant à lire à une petite fille
pressée contre son jupon ; la *Jeunesse d'Aristote*, mon-
trant le philosophe qui médite, en laissant suspendue
au-dessus d'un bassin de métal sa main qui tient une
boule dont la chute l'éveillerait au besoin. On sourit
devant le *Loup et l'Enfant*, charmant bas-relief de Mer-

cié. C'est un sourire aussi, mais d'un genre tout diffé-
rent, qui accueille le groupe colossal que M. Perraud
a appelé *le Jour*. Le livret nous apprend qu'un des com-
pagnons d'Hercule se désaltère à une source. Or, ce
compagnon, c'est le Milon de Crotone, et cette source
n'est autre que la Vénus de Milo. N'est-ce pas que
c'est du dernier galant ?

M. Jacquemart a exposé une figure en bronze, *Ma-
homed-Bey-Lazzogloer*, premier ministre de Méhémet-
Ali, et M. Cordier, la *Danse de l'Abeille*, statue en
marbre, ainsi que plusieurs bustes polychromes.

Il nous faut signaler à la hâte le gracieux *Faune enfant faisant combattre deux coqs* de Charles Lenoir, le
Discobole, de Lavigne, le *Réveil*, de Cordonnier, la *Bru-
nehaut* de Princeteau, *Chloé à la fontaine* de Maurice
Ferrary, etc., pour arriver aux bustes.

Carpeaux en a deux, qui sont deux chefs-d'œuvre,
l'un en bronze, le *Portrait de M. Chevrier*, d'une vie
par trop intense peut-être, et celui de *Madame A. D.*, en
marbre. Citons encore le portrait du *Peintre Henner*
par Paul Dubois ; celui de M. *Claudius Popelin* par
Guilbert ; un buste de jeune actrice par d'Épinay ;
deux Bustes de Marcello ; le *Printemps* de madame Léon
Bertaux ; le Buste de la sœur de mademoiselle Sarah
Bernhart par cette artiste elle-même ; le Buste de
M. *Peyrat* par Paul Cabet, la Statuette de M. Laurent
Pichat par Laurent d'Aragon, et enfin le *Succube*, d'un
type si original, par Ringel.

Voilà, en raccourci, le Jardin de cette année. Nous
eussions voulu pouvoir le visiter plus en détail, car il
accuse un progrès marqué chez nos sculpteurs. Ab-
sence de procédés, d'artifices sous lesquels se puisse
masquer l'insuffisance, effort plus grand et plus prolongé

vers un but plus difficile à atteindre, moins de souci enfin de la commande commerciale, telles sont aussi les causes de leur supériorité sur l'école de peinture.

« Le salon de peinture est empoisonné de petits tableaux papillotants, chatoyants, prétentieux, et dont la couleur agace l'œil comme le citron agace le goût. »

Ainsi s'exprimait un critique fort compétent au sujet du dernier Salon. Un autre, non moins compétent, divisait les peintres en trois catégories : les académiques, les réalistes, les habiles.

Nous autoriserons-nous du premier pour procéder par élimination ou, à plus justement parler, par assainissement ? Cette besogne nous intimide.

Adopterons-nous la classification du second ? Nous préférons, comme moins dangereuse et plus usitée, celle qui tient compte des sujets et non des artistes.

La peinture religieuse est de plus en plus délaissée ; nous ne citerons qu'une *Sainte Famille* de Bouguereau. Elle a été, dit-on, payée 40,000 francs. Elle est d'ailleurs d'un style remarquable.

Dans le grand salon les groupes se forment devant un tableau immense : *Respha protége le corps de ses fils contre les oiseaux de proie.* Sept cadavres sont suspendus par les mains au gibet, sous un ciel plein de nuages rapides et noirs ; la mère, armée d'un bâton, menace d'un geste farouche les vautours qui tournoient. L'effet est tragique, mais il ne l'eût pas été moins sur une toile plus petite.

Ollivier Merson a peint un *Saint Georges terrassant l'hydre de l'anarchie*, avec une violence de palette qui ne suffit point à rendre le sujet intéressant. En revanche, on s'arrête devant la *Mort de Ravana*, composition dramatique de Fernand Cormon, et surtout devant

l'*Interdit* de J.-P. Laurens. Devant le porche d'une église
dont la porte est murée, pourrissent des cadavres aban-
donnés sur des civières ou dans des cercueils. C'est
horrible, et pourtant ce n'est point répugnant. Cette
note si difficile à fixer est celle aussi d'un *Tribunal au
quinzième siècle*, œuvre qui classe M. Steinheil parmi
les artistes avec lesquels il faut compter. Le prévenu
est suspendu par les poignets et à ses pieds sont encore
attachés des pavés. Son corps se raidit, sa bouche se
contracte, ses juges attendent.

Mais il est temps de secouer ces cauchemars. Jules
Lefebvre nous convie à un *Rêve* infiniment plus agréable :

> Légère et d'or pâle coiffée,
> Dans un nuage, sur les eaux,
> C'est bien la transparente fée
> Des nénuphars et des roseaux.

Quelle prose ajouter à ces vers de Coppée ? Pour conserver cette heureuse impression, nous adresserons-
nous à la *Vénus* nouvelle de Cabanel ? Mieux vaut nous
remettre en mémoire son Anadyomène des salons passés ; ou bien, sans évoquer les revenants, contentons-
nous de regarder les *Roses de mai* de Chaplin, la *Naïade*
de Henner, la *Rêverie* de Jacquet, ou encore cette *Merveilleuse en* 1795, fantaisie bizarre de J. Goupil, qui a
fait mieux dans son *Intérieur d'atelier*.

Les *Lutteurs*, belle toile du sculpteur Falguière, la
Mort de Sénèque de Sylvestre, *Bayard à Brescia* de Beyle,
nous ramènent au mode grave, et nous font trouver
moins brusque la Descente aux enfers dont le *Dante et
Virgile visitent la septième enceinte*. L'œuvre de G. Doré
est grande de conception et d'un effet intense, mais

comme 'toujours on souhaiterait des figures mieux étudiées.

Ce ne serait point là un reproche à adresser au tableau d'histoire épisodique de Bin : *Ave, Cæsar, scoparii te salutant.* Néron trouvé dans un coin par les balayeurs de Rome, c'est la contre-partie du César de Gérôme, que les gladiateurs saluent avant de mourir. Opposition d'ailleurs pleine de philosophie.

Et puisque nous revoici dans le noir, jetons un coup d'œil sur le *Héros du village* en Hongrie, de Munkacsy, et tâchons de distinguer le *Cabaret normand* de Ribot.

On a dit de celui-ci qu'il peignait avec du cirage et du plâtre, mais on a imprimé de Manet que sa couleur était un composé de fumée de tabac, de savon de Marseille et de bonne double bière de Mars. Son *Argenteuil* a fait bondir les gens graves et sourire ceux qui savent la valeur d'un coup de pistolet tiré à propos. Mais c'est déjà le troisième... Après tout le peintre Manet est peut-être sincère.

Quant à nous, nous préférons à son canotier, à sa canotière et au bleu de sa rivière, les Picardes de Jules Breton dansant autour du feu de la *Saint-Jean.* On pourrait écrire l'histoire de chacune de ces fillettes-là. Et quel entrain, quels cris joyeux. On les entend rien .qu'à les voir !

Il faut citer, parmi les autres paysages dignes d'attention, *une Journée d'hiver en Hollande* de Kœmmerer ; *au Soleil* de de Beaumont ; *un Sentier près de Telgruc* (Finistère) d'Yan d'Argent ; les *Bords de l'Ebre* de de Cock ; *Bougival* de de Nittis. Mais que dire que le public n'ait déjà éprouvé devant ces trois Corot, ces trois chefs-d'œuvre : les *Bûcherons,* les *Plaisirs du soir* et *Biblis ?*

M. de Nittis, qui a fait *Bougival*, a fait aussi un fort amusant tableau intitulé *la Place de la Concorde*. Combien cela est plus gai et plus vrai que les graves plaisanteries du genre de *la Cigale et la Fourmi!* Qui comprendrait, sans légende, ces allégories vieillottes? Qu'on nous parle de l'*Alambic* et du *Cochon* de Bonvin, à la bonne heure : c'est net et franc, et de plus c'est de l'excellente peinture.

En fait de toiles orientales, nous signalerons, de Jourdain, le *Bazar des tapis, au Caire;* une *vue du Nil dans la Haute-Égypte*, de Berchère ; et en fait de marines : *Marée montante*, très-beau tableau de Lansyer ; *Marée montante près de Lorient* de madame la Willite ; *Saint-Adresse* de Bellangé ; une *Baie en Bretagne* de Clovis Dorval, et le *Bord de la mer à Dives* par M. Brown, un peintre américain des États-Unis.

Les *Armures* de Vollon nous serviront de transition pour arriver aux tableaux militaires. Ils sont dignes des Salons précédents, c'est-à-dire fort remarquables pour la plupart.

Le *Régiment qui passe* de Detaille, est une étude d'actualité d'une observation fine et précise, un peu froide toutefois. C'est à de Neuville qu'il faut demander le mouvement et l'émotion du combat. Une *Attaque à Villersexel* réunit au plus haut point ce double mérite. Ce tableau a été acquis par un riche amateur au prix de 32,000 francs. M. Berne-Bellecourt a les honneurs du salon carré avec ses *Tirailleurs de la Seine au combat de la Malmaison*. Nous avons encore de Besselère, *En avant*, d'Armand Dumarest, la *Reddition de Yorktown*, de Bayard le *Lendemain de Waterloo*. Guillaume Régamey, surpris par la mort, a laissé inachevés ses *Cuirassiers au cabaret*, une admirable ébauche.

Mais le portrait est peut-être le genre où excellent nos peintres.

Celui de *Madame Pasca*, par Bonnat, est l'un des plus remarqués. Cette robe blanche bordée de fourrure noire (un caprice sans doute de l'actrice retour de Russie) est d'un aspect légèrement bizarre ; peut-être aussi le peintre a-t-il donné trop de gravité a un modèle qui est tout feu et tout grâce. En revanche, le portrait de Bonnat par lui-même est un morceau d'une perfection achevée.

M. Fantin-Latour expose le portrait de l'aqua-fortiste anglais Edwin-Edwards et de sa femme. Pourquoi faut-il qu'une toile aussi distinguée ait été accrochée à une si mauvaise place?

Portraits de *M. et Madame Viardot*, par un peintre russe qui débute à Paris, M. Harlamoff; d'une *Communiante* par Bastien-Lepage; de *Madame H.* par Henner ; de la *Marquise d'H. S. D.* par Cot ; de *Mademoiselle Sabine Duran* par Carolus Duran ; de *Sarah Bernhart* par Parrot, et de *Mounet-Sully* par Boutet de Monvel ; de la *Comtesse de Caen* par César; de *Madame E. V.* par Bernard ; de *Madame Ratazzi* par Gardigiani ; du *Marquis de la R.* par mademoiselle Jacquemard... la liste est loin d'en être épuisée, et plus d'un encore mériterait une mention, car il en est peu qui ne se recommandent par la qualité précieuse du dessin. Le portrait, nous avons eu maintefois l'occasion d'en faire la remarque, est le genre qui exige le plus d'observation et de travail. L'imagination et la mémoire servent de peu ici : il faut faire ressemblant. Or, il n'y a point de ressemblance sans dessin, et que deviendrait sans celui-ci la peinture ? C'est pourquoi nos portraitistes, quand ils se mêlent d'être bons, sont tout simplement d'excellents peintres.

Il n'a pas été accordé, cette année, de médaille d'honneur dans la section de peinture. En sculpture, la médaille d'honneur a été décernée à M. Chapu (Henri-Michel-Antoine), pour la statue en marbre : *la Jeunesse*.

Le prix du Salon, pour la peinture, a été accordé à M. Cormon (Fernand) auteur des tableaux intitulés *la Javanaise* et *la mort de Ravana*.

Les deux premières médailles de sculpture ont été décernées, l'une à M. Degeorge, pour sa *Jeunesse d'Aristote*, l'autre à M. Alfred Lenoir, pour son *Saint Sébastien recevant la palme*.

Le Salon de 1875 comprenait 4093 numéros ; soit 2019 pour la peinture, 1220 pour la sculpture, 808 pour les dessins et cartons, et 46 pour la gravure.

Ces chiffres sont plus élevés que ceux de l'année dernière : 3657 ouvrages inscrits au catalogue, dont 1852 pour la peinture, 569 pour la sculpture, 1171 pour les dessins et cartons, et 65 pour la gravure.

Faut-il attribuer cette différence à des envois plus nombreux et meilleurs cette année, ou à une plus grande bienveillance chez le jury d'admission ?

On sait que le mode de formation de ce jury a été changé. Il consistait, auparavant, dans l'élection pure et simple, à la majorité des suffrages, de quinze membres pris sur la liste complète des médaillés. Aujourd'hui l'élection désigne sur cette liste quarante-cinq noms parmi lesquels quinze sont ensuite tirés au sort. L'ancienne méthode avait l'inconvénient de faire toujours reparaître les mêmes personnalités, en quelque sorte consacrées par l'usage ; mais, dans la nouvelle, le tirage au sort peut éliminer ceux des artistes qui ont obtenu le plus de suffrages parmi les quarante-cinq, et, danger plus grave, créer un tribunal dont les représentants de certains genres soient écartés. C'est ce qui est arrivé dès cette année ; aussi y a-t-il eu des tiraillements et des démissions. L'administration a très-habilement profité du vide causé par celles-ci pour rétablir l'équilibre, et toutes récriminations ont cessé.

Cette question du jury a toujours été, d'ailleurs, des plus épineuses, et il est permis de douter qu'on la puisse jamais résoudre de façon à concilier toutes les prétentions, à satisfaire tous les amours-propres. Au reste, les passions qu'elle soulève nous apparaissent comme le plus sûr indice de la vitalité de notre art national. A la renaissance italienne, il arrivait parfois aux élèves des maîtres rivaux de jouer du stylet pour l'honneur de l'école. Pour ne se traduire plus qu'à coups de plume, les inimitiés, aujourd'hui, ne sont guère moins vives.

L'empressement du public témoigne aussi que le goût des beaux-arts est loin de se perdre chez nous. N'est-ce point un spectacle bien fait pour rassurer à cet égard, que celui des foules qui, les jours d'entrée gratuite, font irruption dans les galeries ? Ouvriers et petits bourgeois, ils sont venus, un dimanche de mai, à près de trente-cinq mille ! Et pourtant le soleil du renouveau les conviait aux champs pleins de fleurs et de parfums. Mais le Salon avait pour eux des attractions plus irrésistibles encore; il est devenu, pour l'intelligente population parisienne, un noble besoin qu'il lui faut à tout prix satisfaire.

Ce ne sont pas là les moins belles fêtes du Palais de l'Industrie, et l'on trouvera sans doute naturel que nous ayons tenu à insister sur leur signification.

LE SALON IL Y A CENT ANS.

Chapitre CCCCXLIX. — Sallon de peinture (1).

Ce sallon est peut-être la pièce la plus régulièrement vaste qui existe dans aucun palais de l'Europe. Il n'est ouvert que tous les deux ans. La poésie et la musique n'obtiennent pas un aussi grand nombre d'amateurs ; on y accourt en foule ; les flots du peuple, pendant six semaines entières, ne tarissent point du matin au soir ; il y a des heures où l'on étouffe.

On y voit des tableaux de dix-huit pieds de long qui montent dans la voûte spacieuse, et des miniatures larges comme le pouce, à hauteur d'appui. Le sacré, le profane, le pathétique, le grotesque, tous les sujets historiques et fabuleux y sont traités et pêle-mêle arrangés ; c'est la confusion même. Les spectateurs ne sont pas plus bigarrés que les objets qu'ils contemplent.

Un badaud prend un personnage de la Fable pour un saint du paradis ; *Typhon* pour *Gargantua*, *Caron* pour *Saint Pierre*, un *satyre* pour un *démon*, et, comme le dit l'auteur du poëme des *Fastes*, l'*arche de Noé* pour le *coche d'Auxerre*. Eh bien, ce peuple, qui n'a aucune con-

---

(1) Ce chapitre est extrait de l'ouvrage de Mercier : *Tableau de Paris*. On sait qu'à cette époque le salon de peinture était au Louvre.

naissance en peinture, va par instinct au tableau le plus frappant, le plus vrai ; il ne le manque pas. C'est qu'il est juge de la vérité, du trait naturel, et tous ces tableaux sont faits pour être jugés en dernier ressort par l'œil du public.

Ce qui fatigue et quelquefois révolte, c'est de trouver là une foule de bustes, de portraits d'hommes sans nom, ou le plus souvent exerçant des emplois anti-populaires. Que nous fait la figure de ces financiers, de ces traitants, de ces premiers ou seconds commis, de ces dolentes marquises, de ces inconnues comtesses, de ces présidentes nulles, qui ont les joues enlumi-nées, car il faut peindre les femmes avec leur rouge ; il faut de plus les faire rire. De sorte que le Sallon a l'air d'une assemblée de fous, grotesquement habillés, qui se rient au nez et se moquent les uns des autres. Puis ces visages semblent dire : j'ai payé par orgueil pour être ici sur la toile ou en marbre. Toutes ces physionomies, que rien ne fait sortir du cercle vul-gaire, méritent-elles cette distinction ?

Elle ne devrait être accordée qu'aux personnes dis-tinguées par leurs vertus, leurs talents ou par des services rendus à la patrie.

Que le pinceau se vende à l'oisive opulence, à la co-quetterie minaudière, à la fatuité hautaine, le portrait peut demeurer dans la salle ou dans le boudoir ; mais qu'il ne vienne jamais affronter les regards du public dans un lieu que la nation accourt visiter ! Peut-on voir sur la même ligne le buste d'un guerrier illustre, d'un homme de génie, et celui d'un garde-notes ?

Pendant l'ouverture du Sallon, il paraît une multi-tude de brochures que tracent tour à tour l'envieux, l'ignorant et l'amateur. Chacun alors a la manie de se connaître en peinture, et les gens de lettres en général ne s'y connaissent pas, quoiqu'ils affectent aujourd'hui de faire entrer dans leur style beaucoup de termes de cet art. Ce déluge de pamphlets n'empêche pas la foule de se porter aux tableaux critiqués ; et l'enfant qui sourit à la peinture parlante, détruit toutes les objections de l'écrivain prévenu ou difficile.

Quand la jalousie s'allume une fois entre les peintres, elle surpasse encore celle des poëtes.

Les peintres d'histoire se placent au-dessus des autres peintres qu'ils appellent peintres de genre.

La peinture dans le siècle dernier semblait n'appartenir qu'à l'Église et aux rois ; elle ne travaillait que pour les temples et les palais ; voilà pourquoi les peintres d'histoire sont encore orgueilleux et veulent tenir le premier rang. Il leur est dû toutefois quand ils ont marié à la belle exécution le choix d'un sujet noble et intéressant.

Si dans notre malheureuse tragédie il y a toujours un roi, si ce roi est toujours un tyran, et s'il s'agit toujours de le poignarder, de lui ôter la vie et la couronne, de même la peinture, comme la tragédie, amoureuse de catastrophes sanglantes, a eu la sombre et longue manie des compositions représentant des martyrs, des supplices, des bûchers, des corps mutilés ou brûlés. Entrez dans une église, vous ne voyez dans les voûtes que des mines de bourreaux et des saints patients que l'on torture à loisir.

Le pinceau longtemps conduit par l'esprit fanatique des moines ou dévoué à l'adulation la plus caractérisée, est revenu enfin à des compositions douces, agréables et touchantes.

Les sujets sont mieux choisis ; ils appartiennent à

la morale, au siècle pastoral ou au patriotisme ; et l'œil n'est plus révolté par ces images de tyrannie et de cruauté qui teignent de sang les murailles de nos temples, dans l'idée d'honorer ainsi les victimes de la religion ; mais si elles jouissent d'un bonheur ineffable, pourquoi transmettre aux regards la figure atroce de leurs bourreaux et en épouvanter l'âme timide et compatissante qui vient adorer et prier ?

Les mœurs actuelles nuisent beaucoup aux jeunes peintres. Ils sont devenus moins laborieux que leurs prédécesseurs. La trop grande dissipation dans laquelle ils vivent absorbe le temps nécessaire pour les grands travaux ; puis le libertinage dégrade aussi quelquefois l'artiste et son génie. Il était fait pour s'élever au sublime, il amollit son pinceau, le dénature, le rabaisse à des scènes communes. Tel qui était né pour nous retracer les faits immortels de notre histoire, fera une bambochade où deux petits amours seront groupés près du fémur d'une nymphe.

On voit au Sallon que les peintres français ont été fort embarrassés pour peindre nos têtes poudrées et nos joues enluminées : mais quand il faut que leur pinceau rende un conseiller en robe, alors c'est bien autre chose. Quoi de plus ridicule en peinture qu'un homme affublé d'une étoffe noire, ayant lui-même le visage basané, une perruque vaste et d'une blancheur éclatante ! Il n'y a rien de si discordant en couleur ; la nature n'a rien fait de semblable. Il ne faut qu'une pareille figure pour tuer un tableau, fût-il parfait d'ailleurs. Je ne connais rien au monde de plus grotesque, de plus bizarre que ces tableaux de l'Hôtel de ville et de Sainte-Geneviève où l'on voit de pied en cap les prévôts des marchands et les échevins avec leurs ro-

bes traînantes, leurs perruques ébouriffées, leurs man-
chettes, etc. L'imagination dans sa bizarrerie ne saurait rien créer au delà de ces encolures. Prenez le
costume de tous les peuples de la terre, je vous défie
de rencontrer quelque chose de plus risible. Raphaël,
le Titien, Rubens, auraient pris ces coiffures mouton-
nées pour une charge extravagante, une fantaisie in-
concevable.

Que le peintre s'abstienne donc désormais de peindre des perruques poudrées et des robes noires; l'habillement des Hottentots serait cent fois moins étranger
au pinceau et ne le repousserait pas d'une manière
aussi dure, aussi discordante.

J'en dirais autant du rouge des femmes, mais cela
saute tellement aux yeux, que j'en connais plus d'une
qui par instinct n'ont pu se considérer longtemps dans
leurs portraits chargés de cette enluminure. Quelque
chose leur disait qu'elles pourraient être ainsi dans le
monde vu l'usage, la mobilité des yeux et des traits
du visage; mais que de plaquer ce rouge, ce masque
sur la toile, c'était vouloir immortaliser tout à la fois
le mauvais goût et une tache défigurante.

Le ciel de Paris, dans sa teinte demi-sombre, est peu
favorable à la couleur. Les peintres qui arrivent de
Rome avec une touche fraîche et brillante, la perdent
insensiblement, et l'on distinguera toujours l'école du
Louvre à son coloris, en général inférieur à celui des
autres écoles.

LES EXPOSITIONS D'HORTICULTURE.

Pour être une science relativement nouvelle, l'horticulture n'en a pas moins atteint déjà un merveilleux développement. Ce progrès est dû, tout à la fois, et au goût du public et aux encouragements prodigués aux horticulteurs. Mais c'est à Paris, surtout, dans cette immense et compacte agglomération, que se manifeste un véritable enthousiasme pour ces créations charmantes de la nature, plantes et fleurs dont la vue et le parfum délassent et réjouissent. C'est là surtout aussi que les produits des jardins, les plus rares comme les plus populaires, trouvent leurs admirateurs, leurs juges et leurs récompenses.

Il n'y a guère plus de trente ans que la *Société centrale d'Horticulture de France* a inauguré ses concours, et, dans cet espace de temps, que de services elle a rendus à cette partie de la culture qu'elle s'est donné pour mission spéciale de favoriser; que de procédés nouveaux, que d'espèces inconnues, elle y a su introduire, pour la satisfaction de nos besoins ou pour notre agrément !

Mais nous n'avons à retracer ici ni les origines ni les développements de cette Société, et elle ne nous appartient que comme un des éléments de l'histoire du Palais de l'Industrie.

C'est en 1856, que nous l'y rencontrons pour la première fois. Pendant que l'Exposition universelle d'agriculture se tient dans les annexes et dans les galeries du premier étage, elle occupe la grande nef, avec un jardin à l'anglaise et une petite rivière.

L'année suivante, l'Exposition d'horticulture se fait concurremment avec celle de la sculpture. Les statues sont disposées le long des allées du jardin anglais ou dans les massifs de gazon.

L'alliance entre les statues et les arbustes de la Société d'Horticulture dura jusqu'en 1862. Puis, celle-ci alla faire ailleurs son exposition, et l'Administration des Beaux-Arts se chargea elle-même du jardin, qu'elle dessina à la française.

Ce ne fut qu'après la guerre, en 1872, que l'ancienne alliance fut renouée, et que les plâtres, les marbres et les bronzes réapparurent au milieu des massifs et des feuillages de la Société.

Mais une nouvelle rupture, que l'on peut croire définitive, a eu lieu cette année même. Nous en avons expliqué les motifs à propos du dernier Salon. Les sculpteurs se plaignaient de ce que le jardin, très-bien disposé au point de vue horticole, masquait leurs œuvres par ses arbres trop élevés et ses arbustes trop nombreux. Leurs réclamations ont dû être écoutées, et la Société d'Horticulture a transféré à l'Orangerie son Exposition annuelle.

Nous voudrions l'y suivre, car elle a fait de ce refuge un palais triomphal. Mais force nous est de rester dans la vaste nef des Champs-Élysées où, malgré le déploiement désagréable à la sculpture, nos fleurs et

nos arbustes semblaient comme perdus, sans compter
que le soleil ne laissait pas que de les incommoder.

Reportons-nous donc de quelques années en arrière.

Tous ces grands végétaux aux formes étranges que
nous envoient l'Algérie, l'Australie et le Japon, les
plantes tropicales, les palmiers, les bananiers, etc., se
dressent çà et là, comme une magnifique et bizarre décoration. On se croirait transporté dans une oasis d'A-
frique, si des massifs de verdure disposés à l'anglaise
et des collections de plantes rares ne vous venaient
rappeler qu'on est dans le pays de la culture savante.

Les rhododendrons et les azalées réjouissent le regard par la variété infinie de leurs nuances entre le
rouge, le rose et le blanc. Les rosiers, les boules-de-
neige, les roses carminées, celles d'un jaune cuivré ou
presque noires; les pelargoniums à grandes fleurs et à
fleurs doubles, les gloxinias; les caladiums, les orchi-
dées; et toute la famille des plantes grasses, les cactus
aux fleurs à longues pétales lancéolés...

Mais il faut arrêter là cette énumération, car, si nous
entreprenions de citer seulement la centième partie
des noms hérissés de grec et de latin dont s'enrichit,
chaque année, le catalogue des horticulteurs, et aussi
des noms propres dont les amateurs ont décoré leurs
produits, la fatigue aurait sans doute gagné le lecteur
avant nous-même. Disons, d'un mot, que toutes les
fleurs, toutes les plantes rares dont s'enorgueillissent
le salon et la serre sont là représentées.

Elles sont là, toutes aussi, les amies de la mansarde :
reines-marguerites, verveines, anémones, pensées,
clématites, etc., humbles fleurs aux parfums modestes,
et dont les noms du moins sont faciles à retenir.

Mais rappelons-nous que l'Horticulture n'a point seulement pour objet l'entretien des curiosités et la production des monstres : la connaissance des terrains, des engrais, l'établissement du fruitier et du potager, le maniement des instruments propres à la petite culture font aussi partie de son domaine. Si les *Annales de la Société centrale d'Horticulture* nous fournissent, sur ces points divers, d'utiles enseignements, l'Exposition annuelle place sous nos yeux tout un matériel horticole dont l'examen est des plus instructifs. Des modèles de serres, des persiennes et paillassons, des pompes et arrosoirs de toutes sortes, des tondeuses de gazon, des coupe-légumes, etc., etc., étaient exposés dans une galerie latérale du Palais de l'Industrie.

Et maintenant, c'est vers d'autres palais que la foule se porte pour assister à ces gracieux et intéressants spectacles. Nous le regrettons pour le nôtre, à qui va manquer l'une de ses attractions les plus chères au public parisien. Mais ce n'en est pas moins de grand cœur que nous rendons hommage à l'œuvre si méritoire de la Société d'Horticulture, et aux efforts couronnés de succès de M. Ad. Brongniart de l'Institut, son président, et de son vice-président, M. de Joly.

LES EXPOSITIONS INDUSTRIELLES

Exposition de l'art industriel.

En 1858, une société se fonda à Paris, sous le titre : *Société du progrès de l'art industriel en France.*

Cette Société se proposait « pour but d'exercer son influence sur toutes les branches de l'art appliquées à l'industrie et sur les rapports qui doivent exister entre elles. »

Les Expositions périodiques étaient au nombre des moyens qu'elle comptait employer pour l'accomplissement de son œuvre.

En conséquence, elle sollicita l'autorisation d'ouvrir, au Palais de l'Industrie, *une Exposition de l'art industriel.* Les organisateurs résumaient, dans les termes suivants, la triple pensée d'où était sortie leur entreprise :

« 1° Définir un art qui, avant la Société, n'avait aux yeux du public ni représentation ni signification.

« 2° Préparer à Paris, dans les grands centres manufacturiers ou industriels, des musées d'art appliqué à l'industrie, des écoles de dessin de plus en plus en rapport avec les besoins et les progrès du travail moderne.

« 3° Constater, en désignant nominativement tous les collaborateurs artistes de l'industrie, la suprématie évidente des arts industriels français sur tous les arts industriels de l'étranger ; particulièrement en face de l'Angleterre, qui tend de plus en plus à nous égaler dans cette branche si importante de l'art contemporain.

L'autorisation fut accordée, et l'Exposition eut lieu du 15 juillet au 15 septembre 1861.

Elle comprenait quatre sections :

Les dessins et peintures, sculptures et ornements.

Les objets fabriqués servant de modèles d'applications aux dessins, peintures, sculptures et ornements.

Les dessins scientifiques et dessins de machines, avec les pièces les plus remarquables, servant de modèles d'application aux dessins mécaniques et scientifiques.

La photographie.

Les expositions des Beaux-arts appliqués à l'Industrie.

C'est en 1865 que la Société *l'Union centrale des Beaux-Arts*, qui venait de se fonder, fit, au Palais de l'Industrie, sa première exposition.

Cette exposition comprenait : la fabrication moderne; un musée rétrospectif de meubles anciens, faïences, étoffes, armes, etc.; les travaux exécutés par les élèves des Écoles de dessin de Paris et des départements. — Elle occupait la grande nef et les galeries Nord et Ouest, au premier étage.

La quatrième exposition de la Société (la deuxième au Palais), s'est ouverte en juillet 1874, dans la même partie du local, et avec le même programme.

Favoriser le progrès de nos industries d'art, tel est le but national poursuivi par MM. Édouard André et Guichard, les organisateurs de l'Union. Ils ont pu voir, cette année surtout, que le public et le Gouvernement étaient sympathiques à leurs efforts.

Quant aux artistes et aux industriels, plus de deux cents avaient répondu à leur appel.

« Sous les galeries et dans l'immense nef du Palais, des pavillons latéraux uniformes et des tentes centrales ont reçu les œuvres d'art et les reproductions industrielles (1). Au milieu, des carrés de jardins ont été merveilleusement disposés avec roches artificielles, grottes et cascades.

« A droite, un escalier monumental à double révolution, orné de statues relatives à l'art décoratif échelonnées entre les rampes et les paliers, conduit aux salles du Musée rétrospectif. Dans les écussons et les médaillons des cintres, nous voyons les noms des artistes français : peintres, sculpteurs, architectes et grands industriels qui, du xvie au xixe siècle, ont imprimé à nos industries d'art ce cachet indélébile qui a fait et fera toujours notre éclatante suprématie.

« Là, le xvie siècle est représenté par Androuet du Cerceau, Jean Goujon, Pierre Lescot, Germain Pilon, Bernard Palissy ; ici Lepautre, Boulle, Coustou, Oberkampf, nous rappellent les œuvres du xviie et du xviiie siècle ; puis, de nos jours, les Didot, les Che-

(1) *L'art français à l'Exposition des Beaux-Arts appliqués à l'Industrie*, par Octave Lamy.

navard, les Froment-Meurice, les Odiot, les Christofle,
les Feuchère, nous disent que les artistes du xix⁰ siècle portent non moins haut que leurs illustres devanciers ce flambeau toujours vivant de l'art national. »

Les œuvres exposées étaient, en général, dignes de
ce cadre magnifique. Sans doute on pouvait, dans
quelques vitrines, relever plus d'une faute de goût,
plus d'une prétention mal justifiée, mais l'élégance, la
finesse, la fantaisie, l'ingéniosité, charmaient presque
à chaque pas le regard. Toutes les formules de l'admiration ont été épuisées pour les bronzes et les orfé-
vreries des Barbedienne, des Froment-Meurice, des
Christofle ; pour les meubles renaissance de Sau-
vrezy, etc., etc. La céramique, la peinture sur porcelaines, sur étoffes, sur papiers; la broderie, les gui-
pures, fourmillaient de chefs-d'œuvre d'une délicatesse
infinie. Comment aussi dignement louer les tapisseries
envoyées par les Gobelins ?

Le Musée rétrospectif du Costume donnait lieu à une
curieuse étude comparative des industries modernes
avec celle des siècles passés. Parmi les pièces confiées
aux membres de la commission, on remarquait surtout
des habits et des robes Louis XVI, des costumes de
théâtre dont la confection remonte au temps de Molière, une série de buscs et de peignes de femmes, des
xv⁰, xvi⁰ et xvii⁰ siècles; une collection de gants, de
chaussures européennes et orientales; puis des bijoux,
des armures, des ornements d'église, et jusqu'à des
cannes de toutes les époques. Près du grand salon,
sous une sorte de voûte noire, apparaissait une pro-
cession de pénitents, en robes longues, aux cagoules
baissées, et portant la grosse lanterne ou la grande
croix d'argent. L'effet en était lugubre.

Les travaux exécutés par les élèves des écoles de dessin ont révélé un véritable progrès dans cette partie de l'Exposition.

L'enseignement du dessin préoccupe, à juste titre, ceux qui s'intéressent au développement de nos arts industriels, et l'on ne saurait donner trop d'éloges à l'Union centrale, pour son zèle à en poursuivre la réorganisation.

Exposition d'économie domestique.

Vers la fin de l'année 1871, il se forma, à Paris, une « Société nationale d'encouragement des Travailleurs industriels. »

Cette Société se donnait pour but (nous citons l'Exposé des statuts), d'honorer le travail en le protégeant, en l'encourageant et en le récompensant; d'élever le niveau intellectuel et moral du travailleur; de faciliter son indépendance par l'épargne, et de le mettre à l'abri des besoins de sa vieillesse autrement que par les secours de l'assistance publique.

Elle devait aussi, par tous les moyens possibles, faciliter et récompenser le travail de la femme. Enfin, sa sollicitude était promise à tous ceux qui auraient eu le malheur de subir des condamnations.

La Société obtint l'autorisation de faire, au Palais de l'Industrie, une Exposition d'économie domestique.

Les concessionnaires du Palais se proposaient dans leur programme :

« 1° De faire connaître à l'ouvrier les articles de ménage, d'ameublement, d'habillement, d'alimentation, de travail et d'instruction des divers pays qui, au plus bas prix, joignent l'utilité à la solidité, dans le but de lui procurer les moyens d'améliorer sa position par l'économie.

« 2° De décerner, outre les récompenses qui seront accordées aux chefs d'industrie, des brevets de capacité, mentions honorables et médailles d'honneur aux ouvriers qui auront inventé ou confectionné les objets exposés.

« L'Exposition devait être divisée en sept classes : 1° habitations ; 2° objets de ménage ; 3° vêtements ; 4° aliments ; 5° outils ; 6° moyens de développement moral, intellectuel et corporel ; 7° statuts, règlements et comptes rendus des diverses sociétés instituées dans l'intérêt de l'ouvrier. »

Elle s'ouvrit le 25 juillet 1872.

Elle occupait la grande nef du Palais et une partie des galeries du premier étage.

Un certain nombre d'exposants répondirent à l'appel des fondateurs de l'entreprise ; malheureusement, toutes les promesses philanthropiques contenues dans le programme ne furent point réalisées. La question du bon marché, qui y occupait, à juste titre, la place principale, fut, dans la réalité, singulièrement négligée ; et l'ouvrier, par exemple, qui devait s'attendre à trouver des modèles de logements économiques, était mis en présence de projets d'habitations accessibles seulement aux grandes fortunes.

L'*Exposition d'économie domestique* prit fin le 1ᵉʳ décembre 1872.

Le Pavillon de l'Enfant.

C'est sous ce titre que s'ouvrit, le 15 novembre 1873, dans la galerie Nord du premier étage, une exposition universelle et internationale qu'il convient d'autant plus de ne point passer sous silence qu'elle était due à l'initiative privée.

L'idée de mettre sous les yeux du public « tout ce qui est utile à l'enfant depuis sa naissance », était aussi ingénieuse que pratique. Mais sa réalisation, même partielle, embrassait déjà un cercle assez large pour qu'il ne fût point nécessaire de pousser l'enfance « jusqu'à l'âge de vingt et un ans »; à moins toutefois qu'il ne fût ici question de l'enfant tel que le rêvait Flourens.

Quoi qu'il en soit, il est facile de se rendre compte de l'intérêt que devait présenter une telle exhibition. Depuis la layette du nourrisson jusqu'au premier jouet du bébé; depuis le fusil du petit garçon jusqu'à la poupée de la petite fille; depuis la robe et le veston jusqu'à la toilette élégante et à l'uniforme du collégien, depuis..... Mais le lecteur suivra bien, sans nous, la route qui mène de l'adolescence à la jeunesse, et sa mémoire la saura peupler de toutes les munitions nécessaires pour la parcourir. Le nombre et la variété en sont infinis. Toutes les industries et tous les arts travaillent pour l'enfant, réduisant à la mesure et à la portée de cette réduction de l'homme, leurs œuvres et leurs produits divers.

Nous en avons dit assez pour montrer que l'entreprise de M. Hervé du Lorin, le fondateur et le directeur du *Pavillon de l'Enfant*, méritait toute sympathie.

Au reste, elle rencontra dès l'abord de sérieux patronages : l'illustre M. Élie de Beaumont, dont la science regrette la perte toute récente, voulut bien accepter la présidence d'honneur du jury, qui comptait parmi ses autres membres MM. le marquis de Planty, le marquis de Béthisy, le commandeur de Navarron, Marbaud, fondateur des crèches, Girard, officier d'académie, Honoré Arnauld, homme de lettres, Topart, ancien maire, Jacks, directeur de la société *la Philanthropie commerciale*, A. Humbert, homme de lettres, et dont le président élu était le directeur même, M. Hervé du Lorin.

Cette exposition prit fin le 5 janvier 1874.

EXPOSITIONS DIVERSES.

Expositions permanentes des produits de l'Algérie et des produits des colonies.

Le 6 janvier 1859, fut publié le rapport établissant l'organisation d'une exposition permanente des produits de l'Algérie et des colonies. Au mois de juillet de la même année, cette exposition vint s'installer, dans le palais de l'Industrie, au milieu de la galerie Sud du premier étage, ayant son entrée par le pavillon Sud.

Deux ans après, le 6 janvier 1861, parut un décret ordonnant la séparation des deux expositions de l'Algérie et des Colonies.

Exposition de l'Algérie. — Longtemps envisagé comme conquête et colonie militaire, et, à ce titre, jugé avec défaveur, ce beau pays n'en a pas moins justifié de sa puissance productive. On ne conteste plus, aujourd'hui, qu'il ne puisse concourir très-utilement, tant à l'alimentation qu'à l'industrie de la métropole.

L'exposition permanente de ses produits n'a pas peu contribué à faire naître et à fortifier cette conviction.

Une des richesses les mieux établies de l'Algérie est sa richesse forestière; toutes les industries y peu-

vent trouver des bois d'œuvre appropriés à leurs besoins : chênes-liéges, chênes-zâns, azéroliers, carou-
biers, châtaigniers, frênes, noyers, ormes, aunes, peu-
pliers, saules, palmiers, dattiers, cèdres, genévriers,
pins, pistachiers, térébinthes, thuyas, en un mot,
toutes les essences dures, tendres et résineuses y
abondent. Ajoutons que les mûriers y acquièrent rapidement de grandes dimensions.

Les fruits, grenades, oranges, citrons, figues, ca-
roubes, etc., les céréales, les plantes aromatiques, les
textiles complètent l'ensemble de ses richesses végétales.

On y trouve la plupart des matières minérales dont
l'emploi est le plus usité : pierres à bâtir, marbres,
plâtres, chaux, terre à brique, calcaires hydrauli-
ques, etc. Les montagnes renferment aussi dans leurs
flancs de nombreux gisements de cuivre, de plomb, de
fer, d'antimoine, et à ces minerais se rencontrent souvent associés l'or, l'argent, le mercure qui en aug-
mentent la valeur.

Enfin les filatures de soie, de laine ; les essences, les
tabacs, les armes, et tous ces menus objets fabriqués que
leur originalité et leur élégance font rechercher même
en Europe, attestent l'industrie de ses habitants indigènes et colons.

Tous ces produits, dont le nombre et la variété s'ac-
croissent par de fréquents envois, ont été rangés et
catalogués sous la surveillance de M. Teston, le savant
conservateur de l'Exposition algérienne. On les peut
parcourir sans fatigue, et l'examen en est aussi at-
trayant qu'instructif.

Exposition des Colonies. — Ce sont MM. Aubry-Le-
comte et de Nozeilles qui ont mission de conserver et
d'enrichir le dépôt de nos productions coloniales, et il

ne pouvait être confié à des mains plus honorables et plus compétentes.

Grâce à eux le public peut se rendre un compte exact des ressources agricoles et manufacturières de nos diverses possessions, sucres, cafés, cacaos, alcools, etc., de l'île Bourbon, de la Martinique, de la Guadeloupe; poivres, girofles, vanille, bois d'ébénisterie de la Guyane française; arachides, huiles, résines, santal, bééne, cotonnier, gommiers du Sénégal, etc., etc.

Et cette visite finie, les esprits sérieux ne peuvent s'empêcher de songer que, bien que déchue de son ancienne puissance coloniale, la France a encore conservé au loin des éléments de richesses qui ne demanderaient qu'à être plus largement utilisés.

Ainsi que nous l'avons dit, les deux expositions de l'Algérie et des Colonies sont permanentes. Toutefois elles ont dû être interrompues en deux circonstances qu'il peut être intéressant de rappeler ici.

La première fois, c'était en 1867. Leur matériel fut transféré à l'Hôtel des Invalides pour faire place au préparatifs de la cérémonie de la distribution des récompenses de l'Exposition universelle, qui devait avoir lieu au Palais de l'Industrie. Mais, dès le mois d'août, elles vinrent reprendre leur emplacement ordinaire.

Elles ne l'ont plus quitté depuis, même pendant la guerre, et lors de l'occupation du Palais par sept mille Prussiens, elles eurent, en compagnie de l'horloge monumentale de Beauvais, à subir la visite du vainqueur.

Expositions de la Société française de photographie.

La Société française de photographie ouvrit sa première exposition, au palais de l'Industrie le 1er juillet 1859.

Depuis cette époque jusqu'à la guerre, elle fit cinq autres expositions que nous trouvons, dans les annales du Palais, inscrites aux dates suivantes : 1861, 1863, 1864, 1865 et 1869. Interrompues par suite des événements, ces exhibitions périodiques recommencèrent en 1872.

Elles se tiennent dans une portion de la galerie Sud du premier étage, et ont leur entré par le pavillon Sud-Ouest.

On y peut suivre tous les procédés, tous les perfectionnements successivement introduits dans un art d'une application aujourd'hui si répandue. Photographie sur plaque, sur papier, sur verre ou sur toute autre substance ; multiplication des épreuves obtenues ; emploi de l'albumine, de la gélatine, du collodion ; gravures exécutées directement sur la planche par l'action même de la lumière (héliogravure) ; épreuves lithographiques, polychromiques, procédés aux encres grasses : ne sont-ce point là, en effet, les phases principales d'une histoire qui commence aux essais de Daguerre et de Niepce, et qui aboutit aux admirables travaux des Goupil, des Rousselon, des Albert et des Vidal ?

Et que d'inventions nouvelles, que de perfectionnements, que d'applications utiles et variées l'avenir tient encore en réserve ! La photographie ne sert point seu-

lement à faire des portraits, des copies de tableaux et
de gravures, des plans d'édifices, des vues ; elle a déjà
été mise avec succès au service de plusieurs sciences,
de l'histoire naturelle, de l'astronomie, de la géographie. Bientôt, grâce à elle, il n'y aura plus de phéno-
mène visible, d'être ondoyant ou de changeante
perspective, que l'on ne puisse aisément saisir et fixer
pour l'étude.

Les Expositions de la Société française de photographie sont donc bien autre chose qu'une satisfaction
donnée à une banale curiosité ; elles sont surtout, pour
les arts et les sciences qui se manifestent aux yeux,
un incomparable moyen de vulgarisation.

Il nous faut maintenant passer en revue les exhibitions de moindre importance auxquelles les galeries du
Palais ont tour à tour donné l'hospitalité.

En 1862, divers systèmes de chemins de fer et de
freins pour l'arrêt furent exposés dans les galeries
Nord.

En 1863, après la fermeture du Salon, le *Musée Campana* vint s'installer dans les galeries du premier étage.
On peut aujourd'hui admirer, au Louvre, les pièces de
ce curieux musée, vestiges des villes de Pompéï et
d'Herculanum ensevelies depuis dix-huit siècles sous
les laves du Vésuve, et que des fouilles entreprises depuis soixante ans restituent par degrés à la lumière.
Mais, en 1863, ces antiquités étaient une nouveauté
pour les Parisiens, et, pendant toute la belle saison, la
foule fut grande au Palais de l'Industrie.

Le même empressement se manifesta à l'occasion
du *Musée Japonais*. Notre public, pour qui les merveilles de la fabrication japonaise sont devenues familières,

ne pouvait alors se lasser de contempler ces vases aux dessins bizarres et aux couleurs éclatantes, ces guéridons de laques et tous ces articles de bimbeloterie d'un travail si délicat, qui s'offraient pour la première fois à lui avec cet ensemble et dans leur cadre naturel.

Cependant la galerie des *moulages antiques* rapportés par M. Ravaison, ajoutait encore aux attractions que venaient compléter, mais seulement pour quelques visiteurs privilégiés, l'atelier des peintres décorateurs de la manufacture des Gobelins, et celui des peintres décorateurs de l'Opéra.

En 1865, du 15 juillet au 15 septembre, se tint, dans une partie de la galerie Sud, l'*Exposition des insectes nuisibles ou utiles*. Les curieux assistèrent alors au défilé des représentants principaux de l'armée innombrable de nos amis et de nos ennemis à ailes et à pattes, à pattes sans ailes, ou dépourvus des unes et des autres.

La science l'a distribuée en divers régiments, qui portent des noms grecs tirés des caractères distinctifs de leurs ailes : les coléoptères, parmi lesquels se distinguent les hannetons et les charançons; les orthoptères, dont font partie les sauterelles; les hémiptères, pucerons, cochenilles, punaises, cigales; les névroptères, tels que les termites; les hyménoptères, ceux qui ont le plus d'instinct, fourmis et abeilles; les lépidoptères, où sont compris les papillons (larves ou chenilles et chrysalides); les diptères, cousins, taons, moustiques. — Viennent ensuite les aptères, scorpions, araignées, vers de terre, sans nommer les parasites de l'homme et des animaux.

On voit de combien nos ennemis l'emportent sur nos amis! Mais cette revue des dévastateurs de nos jardins, de nos arbres, de nos champs et de nos vignes, était des plus utiles, et elle a été certainement le point de départ d'un système de défense plus scientifique et plus suivi. En même temps, ceux qui se livrent à la culture ont dû se défaire de plus d'un injuste préjugé conçu contre certains insectes dont l'instinct de destruction travaille à notre profit.

En 1868, exposition, dans la galerie Sud (1ᵉʳ étage), d'un plan en relief d'environ 100 mètres de long, construit sur place, et représentant un *projet de Paris port de mer.* — Cette exposition, qui répondait au goût de la population parisienne pour les choses de la mer, et qui montrait, réalisé en quelque sorte, un rêve longtemps caressé par son amour-propre, attira un concours énorme de visiteurs.

La foule était ensuite conviée à admirer une *horloge monumentale destinée à la cathédrale de Beauvais*, qui était exposée à côté du local réservé à l'Algérie et aux Colonies. Cette horloge, remarquable par ses dimensions, par sa forme et son mouvement, resta en place pendant l'occupation du Palais de l'Industrie par les Prussiens.

En 1873, c'est encore un plan en relief de Paris qui est l'attraction de la saison d'été. Mais la foule l'examine avec une curiosité pleine d'émotion, car il représente *toutes les fortifications d'attaque et toutes les batteries prussiennes, et aussi toutes les lignes de défense de la capitale.* Ce vaste travail s'étend sur près d'un tiers de la grande nef.

Dans la galerie Est du premier étage sont exposés

divers projets du concours ouvert pour la *reconstruction de l'Hôtel-de-Ville.*

Enfin, l'année suivante, avant l'ouverture du Salon,
la galerie Nord du premier étage est occupée par de
nombreux projets *de l'Église native du Sacré-Cœur,* à
construire à Montmartre. Ce concours est ouvert par
l'archevêque de Paris.

FÊTES ET CÉRÉMONIES.

Nous avons dit que le Palais de l'Industrie, spécialement édifié en vue des expositions, avait aussi pour
destination accessoire de servir aux cérémonies publiques et aux fêtes civiles et militaires.

Il va de soi, tout d'abord, que les distributions de
récompenses des expositions ont lieu au Palais : c'est
tantôt dans la grande nef, tantôt dans le salon d'honneur, ainsi que nous avons eu occasion de le constater
notamment pour l'exposition universelle de 1855,
pour les Salons, les concours agricoles et hippiques de
chaque année. Ajoutons que ces derniers sont termi-
nés d'ordinaire par un carrousel dont la nef est naturellement le théâtre.

En dehors de ces cérémonies et fêtes périodiques,
nous avons à présenter un historique qui, pour être
court, aura peut-être son intérêt.

En novembre 1855, immédiatement après la clôture
de l'exposition, Berlioz obtint de donner, dans la nef
encore décorée, une série de concerts qu'il dirigea
lui-même. Les vieux dilettantes se rappellent qu'une
foule d'élite vint alors se presser autour du maître,
et consacrer par ses applaudissements une gloire qui
avait été si longtemps contestée.

Après le salon de 1859 eut lieu, dans la nef, le tirage de la première loterie des Beaux-Arts. Cette loterie se composait des tableaux acquis à l'Exposition avec le produit des billets pris à l'entrée. Sur 461,000 entrées (chiffres ronds), il y avait eu de pris 85,000 billets. Une deuxième loterie fut organisée à la suivante Exposition des Beaux-Arts, en 1861 : 29,000 billets seulement se répartirent entre 463,000 visiteurs. Cette décroissance amena l'abandon complet de la loterie (1).

La fin de cette même année 1859 fut marquée par deux grandes fêtes musicales données au Palais : l'une, un concert organisé par M. le baron Taylor, au profit de la Caisse de secours mutuels des artistes dramatiques; l'autre, le concours des orphéons de France. L'orchestre et les chœurs étaient placés à l'extrémité droite de la nef. Un tel édifice pouvait seul suffire à cette manifestation grandiose, à laquelle prirent part des sociétés chorales venues de tous les points du territoire.

En 1860, les galeries Sud du rez-de-chaussée furent utilisées pour les examens des Écoles polytechnique, de Saint-Cyr et forestière.

Si le Palais de l'Industrie ne put voir, en 1867, se renouveler dans son enceinte les merveilles de 1855, la faute n'en fut point à son honorable et habile architecte. M. Dutrou avait, en effet, proposé la création d'une annexe considérable sur toute l'Esplanade des

(1) Ces chiffres sont empruntés à un travail sur les *Expositions des Beaux-Arts au* xixe *siècle* par M. Jules Maret-Leriche.

Invalides, reliée au Palais par une vaste galerie traversant la Seine. Le pont qui aurait supporté cette galerie aurait été construit de manière à laisser libre la circulation ordinaire sur les deux quais à droite et à gauche du fleuve.

Ce projet, à la fois simple et hardi, occupa vivement l'opinion publique, qui apprit enfin que celui de la Commission impériale lui était préféré. Un troisième projet, qui avait pour but d'utiliser le palais encore inachevé de l'Exposition permanente d'Auteuil, avait été écarté dès l'abord.

Le Palais n'en prit pas moins une part mémorable à l'imposante manifestation où s'étaient trouvés réunis tant de souverains étrangers, où toutes les illustrations de l'univers s'étaient donné rendez-vous. C'est dans son enceinte que fut faite la distribution solennelle des récompenses. Nulle part ailleurs on n'eût pu trouver un local mieux approprié à cette cérémonie, qui répondait, du reste, à l'une des destinations du monument.

Il fut donc mis à la disposition de la Commission impériale, et M. Aldrophe, architecte de cette Commission, fut chargé, conjointement avec M. Dutrou, de l'organisation de la fête du 1er juillet.

La nef centrale était disposée en amphithéâtre, en forme d'hippodrome. Vingt-cinq mille personnes y purent aisément trouver place, dans des stalles numérotées.

L'axe de la nef était occupé par dix riches et élégants trophées, composés des produits les plus remarquables des dix groupes de l'Exposition.

Les différentes travées étaient ornées de velours rouge frangé d'or; des écriteaux et des trophées de drapeaux indiquaient les places occupées par les membres des commissions étrangères.

Le trône s'élevait au milieu de la nef, du côté de la façade Nord du Palais, sur une estrade surmontée d'un dais de velours cramoisi. En face était la tribune du corps diplomatique.

On se rappelle ce que fut cette cérémonie : les annales du Palais n'en ont point enregistré de plus imposante.

Lorsque les dégâts causés au Palais par le bombardement de la Commune eurent été réparés, et que le vaste local eut été à peu près rendu à lui-même, la charité songea à l'utiliser au profit de l'infortune. L'Exposition des Beaux-Arts de 1873 était à peine finie que de grands concerts s'organisèrent, dont le produit était destiné à venir en aide à diverses Sociétés de bienfaisance, et notamment à nos frères d'Alsace-Lorraine. Cette époque n'est point tellement éloignée qu'on ne se souvienne de l'empressement avec lequel le public répondit à l'appel des organisateurs.

C'est qu'au sentiment patriotique dont il était animé venait s'ajouter encore l'attrait d'œuvres musicales, exécutées dans une enceinte vraiment digne d'elles. Le Palais, en effet, avec ses hautes voûtes et sa nef immense, est éminemment propice aux sonorités des grands orchestres.

Disons enfin, pour être aussi complet que possible, qu'une partie de la galerie Nord du rez-de-chaussée est affectée à tous les services de tirage au sort pour la conscription des jeunes soldats, aux opérations du conseil de révision, et au tirage des obligations des emprunts municipaux de la Ville de Paris.

LE PALAIS PENDANT LA GUERRE ET LA COMMUNE.

Pendant l'Exposition des Beaux-Arts de 1870, un régiment de cuirassiers vint occuper la partie du Palais réservée aux écuries de la Société hippique. Au bout de quelques jours, ces hôtes inaccoutumés se retirèrent. Mais le Salon était à peine fermé, qu'ils revenaient en plus grand nombre.

Comme ces bruits sourds qui précèdent les orages, deux émeutes avaient grondé dans Paris, et cette concentration de cavalerie avait été jugée nécessaire.

Bientôt l'orage éclate sous la forme d'une déclaration de guerre à la Prusse. Adieu aux féconds travaux de la paix, aux spectacles de l'Industrie et des Arts, aux instructives promenades dans les galeries ! Poste avancé dans la tourmente, le Palais va en subir tous les contre-coups; son histoire va devenir tragique comme celle des événements.

Tout d'abord, il est transformé en une immense caserne. Deux régiments de gendarmerie à cheval, formés de contigents appelés de tous les points de la France, s'y installent pour toute la durée de la guerre.

Puis, les troupes d'infanterie s'y succèdent dans de courtes haltes, avant d'être dirigées sur le théâtre des opérations. Il y a parfois jusqu'à trois régiments, qui viennent s'ajouter aux deux en permanence.

Toute notre armée est enfin aux frontières. La lutte qui devait, hélas! lui être si funeste, est commencée. Tout en pleurant nos morts, il faut songer à nos blessés. C'est au Palais que s'établit la Société de secours aux blessés de terre et de mer; c'est là qu'elle forme non-seulement ses bureaux, mais encore ses dépôts de dons de toute espèce, argent ou marchandises, envoyés de tous les points de la France et de l'étranger; c'est de là, enfin, que partent les ambulances volantes qui vont jusqu'en Alsace et en Lorraine.

Nos troupes sont décimées ou cernées. Le peu qui en réchappe revient sur Paris, disputant, dans une retraite héroïque, chacun de ses pas au vainqueur. C'est sous les murs même de la capitale que vont s'accomplir les efforts suprêmes. Les premières opérations du siége étaient à peine ouvertes, que déjà la Société de secours aux blessés avait organisé, dans les galeries Nord du Palais, une grande ambulance de quatre cents lits environ avec tous ses accessoires. Mais les rigueurs d'un hiver exceptionnel obligèrent de recourir à un local mieux clos, et c'est le Grand-Hôtel qui donna asile à nos malades.

Le Palais néanmoins garda les bureaux et tout le matériel des ambulances. Puis, pour combler le vide résultant du transport des blessés, une partie des galeries servit de corps de garde aux bataillons de marche de la garde nationale. Cinq mille hommes environ s'y renouvelaient chaque jour, prêts à partir au premier ordre.

La nef principale, cependant, avait été transformée en parc d'artillerie, en dépôt d'anciennes pièces hors de service, et dans la galerie Sud au premier étage, à côté des dortoirs des deux régiments de gendarmerie, fonctionnait, sous la direction de M. Dupuy de Lhôme, un grand atelier de ballons.

Enfin, la chose est digne d'être rappelée, l'Exposition de l'Algérie et des Colonies avait conservé son emplacement ordinaire, et l'horloge monumentale destinée à la cathédrale de Beauvais semblait toujours attendre les visiteurs.

Elle en reçut auxquels elle ne tenait guère, sans doute, mais que la fortune des armes ne permit pas de lui épargner. Elle vit, pendant les trois jours qu'ils occupèrent le Palais, sept mille Prussiens défiler devant elle. Plusieurs l'étudièrent de près et tous la respectèrent, mais si elle marchait alors, l'horloge française a dû trouver longues comme des siècles, les heures qu'elle a été contrainte de sonner pour eux !

L'Exposition permanente ne subit non plus aucun dommage. Quant au régiment de gendarmerie, au dépôt de l'artillerie et au matériel des ambulances, ils avaient évacué le Palais deux jours avant l'entrée des Prussiens dans Paris.

Dans Paris? Non. Seulement dans les Champs-Élysées. On se souvient que toutes les issues du Faubourg-Saint-Honoré avaient été barricadées et étaient gardées avec soin. Mais le Palais de l'Industrie, plus maltraité du sort que les autres monuments, avait dû ouvrir ses portes, et subir les souillures de l'invasion.

La Commune lui réservait d'autres tribulations.

Un des premiers soins des fédérés fut de le faire fouiller en tous sens, pour s'assurer qu'aucun dépôt d'armes ou de munitions ne s'y trouvait caché. Recherche infructueuse, il n'y avait alors dans le Palais ni une gargousse ni un fusil.

Pendant six semaines environ, les chefs de la Commune semblèrent l'avoir oublié. Mais, vers la fin d'avril 1871, ils vinrent y établir des postes de quatre à cinq cents hommes, avec six pièces de canon et deux mitrailleuses. Bientôt y fonctionna un atelier de réparation des pièces d'artillerie, composé d'une quarantaine d'insurgés.

Enfin, Lhuillier lui-même vint s'y installer avec des fédérés vêtus en marins et une soixantaine de cavaliers.

Cependant l'armée de Versailes se rapprochait chaque jour. L'heure de la délivrance de Paris sonna enfin.

En voyant arriver les pantalons rouges, les fédérés quittèrent le Palais à la hâte, et allèrent avec leurs canons renforcer la formidable barricade de la terrasse des Tuileries.

A peine étaient-ils partis que le drapeau tricolore flottait sur le monument. C'est alors que le supposant occupé déjà par les troupes de Mac-Mahon, ils dirigèrent sur lui le feu de leur artillerie.

Le bombardement ne dura pas moins de trois heures. Des piles des arcades presque entièrement effondrées ; les combles gravement endommagés, leurs ferrures arrachées, leur vitrerie brisée, et des colonnes qui les supportaient coupées ; la statue de la France à moitié détruite ainsi qu'une portion de la grande frise sculptée au-dessous : telle fut la dette que le pacifique Palais, déjà tant éprouvé par la guerre étrangère, dut encore payer à nos discordes civiles.

Heureusement la solidité de l'édifice n'en fut point compromise, et quelques jours après, pendant que des légions d'ouvriers réparaient les brèches de sa toiture, ses galeries pouvaient donner asile à diverses administrations dont les locaux avaient disparu dans les incendies allumés par la Commune, au Ministère des finances, à la Cour des Comptes et à la Caisse des dépôts et consignations. Les débris de la colonne Vendôme y avaient été remisés aussitôt après la prise de Paris par l'armée de Versailles.

EXPOSITION INTERNATIONALE DES INDUSTRIES MARITIMES ET FLUVIALES.

Section française d'exportation.

I

Paris n'avait jamais vu d'exposition de ce genre. Aussi sa population en accueillit-elle l'annonce avec plus d'empressement encore qu'elle n'en montre pour les plus séduisantes nouveautés. C'est que les choses de la mer ont pour le Parisien un particulier et irrésistible attrait. Il les aimait déjà avant de les connaître, et l'on serait mal venu à insinuer qu'il ne les connaît point, depuis que les chemins de fer et les trains de plaisir ont fait des ports de la Manche des faubourgs de la capitale. Celle-ci, d'ailleurs, a sa marine à elle, ses bateaux-mouches, ses remorqueurs et ses chalands, tout un personnel d'ardents canotiers et de pêcheurs pacifiques, et le côté fluvial de l'entreprise la touchait directement.

A un autre point de vue, le public parisien n'ignorait pas que les expositions ont pour résultat immédiat d'accroître soudainement les affaires courantes de la ville où elles sont inaugurées; de verser dans la circulation locale, dans les ateliers, les magasins, les établissements quelconques de l'industrie privée, un numéraire qui, sans elles, n'eût point vu le jour; et de devenir enfin, par un retour fécond, un nouveau et remarquable ressort de la production et de l'échange. Il savait, par expérience, combien sont accrus et multipliés ces avantages divers, par le fait seul de l'ouverture d'une exposition à Paris.

Mais une considération d'un ordre plus général, plus élevé, a en même temps décidé la faveur de l'opinion pour l'œuvre nouvelle. S'il est vrai que les expositions constituent l'un des puissants rouages de l'organisation industrielle des peuples modernes, qu'elles sont, comme a dit excellemment M. Wolowski, *des institutions correspondant d'une manière directe aux besoins de notre époque*, quelle importance n'ont point, par elles-mêmes, les industries de la mer et des fleuves, et de quelle branche de la production peut-on dire qu'elle ne s'y rattache point par quelque côté; quels intérêts aussi sont plus graves et plus complexes, et d'un développement plus urgent que ceux qui sont visés dans le programme de l'Exposition actuelle?

Ce programme fait appel à deux groupes considérables d'industries internationales, en même temps qu'il s'adresse aux principaux articles de l'exportation française.

Il comprend ainsi :

I. Les industries maritimes et fluviales;

II. Les industries et arts usuels susceptibles d'être appliqués par les industries maritimes et de concourir à leur progrès;

8

III. Enfin les principales industries françaises d'exportation.

Le lien qui unit ces trois parties du programme est aisé à saisir. L'expression la plus haute et la plus complète des *industries maritimes et fluviales* est le navire, habitation flottante de l'homme qui y rassemble, pour sa sécurité et son confort, les produits des *industries et arts usuels*, et en même temps instrument de transport et d'échanges, d'*exportation*. C'est dans ce rapprochement qu'il faut chercher le caractère et l'importance de l'exposition de 1875.

Mais que de détails instructifs et curieux sont enfermés dans cette ample et originale conception ! L'indication pourtant nous en sera facile, car ils sont groupés avec une méthode et une logique peu communes, nous devons le reconnaître, dans ces installations compliquées.

II

Produits des eaux. — Pêche. — Culture des eaux

Nous avons naturellement affaire tout d'abord aux *produits des eaux*. Ils sont alimentaires, comme les poissons, crustacés, mollusques, plantes aquatiques, etc., et ils donnent lieu à certaines préparations telles que le séchage, le saurissage, la salaison, etc., qui se font à bord ou à terre ; — et non alimentaires, c'est-à-dire servant à la médecine, comme les fucus, produits chimiques extraits des algues, huiles de foie de morue; aux arts, comme l'écaille de tortue, l'ambre gris, la nacre, les coraux et diverses matières colorantes ; à l'industrie, comme les huiles d'animaux marins, les fanons de baleine, les éponges; à l'agriculture enfin, comme les calcaires madréporiques, les sables de mer et de rivière, les varechs, etc.

Ces produits des eaux sont obtenus à l'aide de la Pêche.

La pêche a été un des premiers moyens employés par l'homme pour se nourrir ; et si elle est aujourd'hui encore, chez les nations civilisées, une branche importante de la production, elle est demeurée l'occupation essentielle et l'unique industrie de certaines peuplades riveraines. Le matériel et les procédés de la pêche chez les différents peuples et à toutes les époques, peuvent donc donner lieu à d'intéressantes comparaisons.

Elle se divise naturellement en *pêches maritimes* et en *pêches fluviales et lacustres*. Les premières exigent l'emploi de bâtiments d'un assez fort tonnage et des voyages au long cours, ou bien elles se font, le long des côtes, au moyen d'embarcations plus légères.

Les *grandes pêches* comprennent la pêche des baleines, cachalots, phoques, et celle de la morue.

La pêche de la baleine est pratiquée, d'abord dans le détroit de Davis, la baie de Baffin, et les mers qui se rapprochent du pôle Arctique. La saison n'en dure que deux ou trois mois. Depuis longtemps déjà, les Français ont abandonné ces parages, et les Anglais et les Américains eux-mêmes ont restreint le nombre des navires qu'ils y envoyaient. — La pêche du Sud se fait sur les bancs du Brésil, sur les côtes de la Patagonie, du Chili, du Pérou et de la Californie. Elle est moins dure, mais plus longue que celle du Nord. Malgré les encouragements accordés aux armements, cette industrie, qui donne pourtant d'assez beaux résultats, est à peu près perdue aujourd'hui pour la France. En Angleterre, la décadence est plus apparente que réelle. Pour diminuer les frais et l'excessive longueur des campagnes, les Anglais ont formé, en Australie et dans d'autres colonies voisines des points fréquentés par le poisson, des établissements fixes de pêche, d'où partent un nombre assez considérable de bâtiments, plus petits sans doute, mais qui peuvent compléter leur chargement en une seule saison.

La morue prend naissance sous les glaces du pôle Nord et descend, chaque année, dans les mers septentrionales de l'Europe et de l'Amérique. La pêche en est pratiquée sur les côtes du cap Breton, de la Nouvelle-Écosse, du Labrador, du golfe Saint-Laurent; dans les mers d'Islande et sur les côtes de la Norwége, du Danemark et de la Grande-Bretagne. Depuis les traités de 1815, la France, autrefois propriétaire des plus grandes pêcheries de ces parages, n'a plus que les deux petites îles de Saint-Pierre et Miquelon, avec un droit de pêche et de sècherie sur une partie des rivages de Terre-Neuve. Elle pêche encore dans la mer d'Islande et sur le banc situé, dans la mer du Nord, entre la Grande-Bretagne, la Hollande et le Danemark. Pour être moins florissante que celle des Américains et des Anglais, la pêche française entretient cependant et forme un nombre considérable de marins. Les Norwégiens, les Danois, les Hollandais et les Russes se livrent aussi à cette pêche productive.

Dans *les petites pêches ou pêches côtières*, sont rangées la pêche du hareng, du maquereau, de la sardine, etc., et celle de tous les poissons ou coquillages qui, frais ou salés, alimentent nos marchés.

On croit que le hareng quitte, chaque année, les mers polaires, où il naît, et s'avance en bancs immenses vers le Sud, en suivant les rivages européens de la mer du Nord et ceux de la Manche. La pêche se fait en diverses saisons, suivant les lieux. Sur les côtes d'Ecosse, elle commence vers la fin de juillet et finit au 30 septembre : c'est la pêche d'été. En octobre, commence la pêche d'automne, qui se fait sur les côtes d'Angleterre et sur celles de France, et se prolonge jusqu'à la fin de décembre. La première est souvent désignée sous le nom de pêche d'Ecosse, et la seconde sous celui de pêche de Yarmouth. — Les Français les pratiquent avec des bateaux de 15 à 75 tonneaux et au-dessus. Les Hollandais eurent longtemps une sorte de monopole pour la pêche, la préparation et la vente du hareng, mais, depuis 1809, les Anglais les ont complétement supplantés. La pêche anglaise est la plus importante du monde.

La pêche du maquereau se pratique aussi sur les côtes d'Ecosse et sur celles de France.

La sardine, comme le hareng et le maquereau, est un poisson de passage. C'est surtout sur les côtes françaises de l'Océan que la pêche de ce poisson est organisée.

La pêche des huîtres, qui tend à devenir une des premières industries maritimes françaises, se fait sur presque toutes nos côtes, mais c'est surtout sur le littoral de la Normandie et de la Bretagne qu'elle est florissante. Elle est ouverte depuis le 1er septembre jusqu'au 30 avril. L'administration désigne les bancs sur lesquels il est permis de draguer. — La pêche des huîtres est aussi pratiquée, dans de grandes proportions, en Angleterre et aux États-Unis.

A ces diverses pêches maritimes, il convient d'ajouter :

Celle du corail ; elle se fait surtout sur des côtes appartenant à la France, et cependant elle est complétement tombée entre les mains des étrangers. Les Génois et les Napolitains paient, pour s'y livrer, des droits dont les bateaux français seraient naturellement exempts ;

Celle des perles, qui se fait dans le golfe de Manar, entre Ceylan et la presqu'île Indienne. La pêche commence en février pour finir en avril. Dans l'origine, les plongeurs s'enfonçaient sous l'eau à l'aide d'une corde à pierre, remplissaient à la hâte leur filet et se faisaient remonter. Aujourd'hui, avec les appareils européens, la pêche est plus sûre et plus productive. Les coquilles retirées de l'eau sont visitées avec attention, et on en retire les perles qu'elles peuvent contenir ;

Enfin, celle des éponges. Elle se fait principalement dans la mer de l'Archipel et sur le littoral syrien. Elle commence en juin et finit en octobre. Pour les éponges communes, on se sert de harpons, mais pour les éponges fines, il faut les aller détacher avec un couteau. Les plongeurs grecs sont renommés pour cette opération délicate.

Les *pêches pluviales et lacustres* ont pour objet la capture des divers poissons, carpes, brochets, anguilles, saumons, aloses, truites, perches, tanches, brêmes, barbillons, lamproies, goujons, poissons blancs, etc., qui peuplent les fleuves, lacs, rivières, étangs et canaux des différents pays, et qui, ressource précieuse pour tous de l'alimentation publique, sont pour plusieurs l'objet d'un lucratif commerce d'exportation.

Cet important sujet de la pêche comportait de plus larges développements. Le peu que nous en avons dit, toutefois, ne suffit-il pas à montrer tout l'intérêt que présente la réunion des multiples engins employés sur les eaux, depuis le harpon qui, dans les mers polaires, s'attache aux flancs de la baleine, jusqu'à l'hameçon léger où se prend le goujon de nos rivières ?

La *culture des eaux* est la contre-partie de la pêche : ce que celle-ci leur prend elle veut le leur rendre au centuple. Elle veut, par la conservation du frai et la fécondation artificielle, repeupler nos rivières de poissons devenus rares, ou les enrichir d'espèces qui leur sont inconnues. Elle a aussi pour but, par la création de parcs creusés au bord de la mer de façon que les eaux des grandes marées y puissent pénétrer, et de *bouchots* ou étangs salés artificiels, de multiplier, en l'améliorant, la production des huîtres et des moules, ces précieux mollusques. L'élève des crustacés (homard, langouste, écrevisse, crabe) dans des réservoirs spéciaux est également l'objet de ses soins. Enfin ses préoccupations s'étendent jusqu'à la reproduction des sangsues, ces utiles annélides qui feraient aujourd'hui complètement défaut à nos marais, si l'on ne s'était avisé, il y a quelques années, d'en favoriser la multiplication sur place.

Le visiteur se rendra compte par lui-même des innovations les plus récentes introduites dans ces différentes branches de la culture des eaux. Il verra surtout se développant, sous les auspices du Ministère de la marine et grâce à ses encouragements, l'ostréiculture, dont les progrès dans le bassin d'Arcachon, dans le Morbihan,

dans la baie du mont Saint-Michel, à Noirmoutiers, etc.,
méritent d'être signalés. Nous appellerons aussi son
attention sur l'établissement de bouchots, pour l'élevage
des moules, au cap Hornu, dans la baie de Somme, dont
les premiers résultats offrent un très-grand intérêt, et
autorisent de sérieuses espérances.

Enfin, sa curiosité sera éveillée par divers modèles
d'exploitations aquicoles, et d'aquariums d'eau salée et
d'eau douce, etc. Mais nous reviendrons sur ce sujet
à l'occasion de l'une des attractions principales de l'Exposition.

III

Le navire. — Industries qui s'y rattachent.

Si le commerce est le lien des nations, c'est surtout
par le navire que s'est opéré ce rapprochement. Per-
fectionner le navire, accroître la navigation, c'est donc
en améliorant et en multipliant l'instrument principal
du transport et de l'échange, puissamment contribuer
au développement du commerce extérieur, de la richesse nationale.

Tel est le grand intérêt que vise cette partie du programme, et si l'on ne saurait nier l'opportunité des questions qu'elle soulève, on ne pourrait non plus mettre
en doute l'efficacité des moyens qu'elle emploie pour
les résoudre. N'est-ce point, en effet, de ces spectacles
divers fournis par une commune industrie, de cette
mise en présence des efforts accomplis et des résultats
obtenus par différents peuples dans un même ordre

d'activité, que sortent ces comparaisons réfléchies et ces sérieuses enquêtes où la législation elle-même puise ses perfectionnements ? L'avenir de notre construction navale et de notre marine marchande est donc ici en jeu dans une certaine mesure.

Les progrès réels de l'architecture navale datent du siècle dernier, et il convient de le rappeler, l'honneur en revient à la France. Une réunion de savants où figuraient des marins et des ingénieurs en prit l'initiative, et l'Académie des sciences à peine fondée (1666) institua des récompenses pour les diverses améliorations qui pourraient être introduites dans les formes, l'arrimage, la voilure des navires. Les plus grands savants de l'Europe tinrent à honneur de prendre part à ces concours. On sait que le mémoire de Bernouilli sur le roulis fut couronné en 1757, et celui du grand Euler deux ans après. Enfin, un modeste professeur de navigation au Croisic, Bouguer, a publié un traité du navire qui est resté le fondement de l'architecture navale.

Autre fait curieux. Dans son rapport sur la première Exposition universelle de Londres, M. Charles Dupin extrait les lignes suivantes du compte rendu d'une commission chargée, vers les premières années du siècle, d'examiner les perfectionnements à introduire dans la marine anglaise : « Lorsque nous avons construit exactement d'après la forme des meilleurs vaisseaux que nous avons pris aux Français, joignant ainsi notre talent d'exécution à leurs connaissances théoriques, nous avons obtenu les bâtiments reconnus les meilleurs de notre marine. Mais toutes les fois que nos constructeurs se sont départis en quelque point important des modèles qu'ils avaient devant eux, comme ils connaissaient mal les vrais principes suivant lesquels les navires doivent être configurés, ils en ont fait une application erronée et contradictoire. » — Depuis, les Anglais ont apporté un grand nombre de perfectionnements de détail, utiles au navire de commerce comme au bâtiment de guerre. C'est à eux notamment que l'on doit le doublage en cuivre, et la substitution des chaînes de fer aux câbles de chanvre servant à mouiller les ancres.

Le peuple américain a donné aux navires de commerce, à voiles, un caractère tout nouveau. Ses types reconnus les plus parfaits se distinguent par leur allongement et leur finesse ; ses *clippers* sont renommés pour leur marche rapide ; ses goëlettes sont remarquables par l'élégance de leurs formes et les bonnes proportions de leur mâture et de leur gréement.

C'est ainsi que la marine à voiles a profité des perfectionnements réalisés en vue de la navigation à vapeur. On sait quelle activité règne sur les chantiers anglais et américains, que les transatlantiques de ceux-ci se croisent en véritables flottes, entre leur pays et l'Europe, et que les paquebots en fer de la Grande-Bretagne sillonnent toutes les mers du globe, mais il n'est point inutile d'apprendre qu'ici encore ce sont nos ingénieurs, guidés par leurs connaissances théoriques, qui sont arrivés, dès les premiers essais, aux formes et aux dispositions les plus favorables pour l'application la plus puissante de la vapeur. Ils nous ont évité ainsi les longs tâtonnements des constructeurs étrangers, qui n'établissent leurs projets que sur les données d'une expérience traditionnelle. Les chantiers du Havre, de Nantes, de Bordeaux, de la Ciotat, construisent des navires dont la parfaite exécution compense le petit nombre pour l'honneur de l'industrie française.

Les modèles exposés des bâtiments à voiles et à vapeur employés à la navigation maritime et fluviale montrent à quel point de perfection sont arrivés nos constructeurs.

Il faut parcourir toutes les classes de ce groupe pour bien comprendre ce que le génie moderne a su faire du navire, et quelles insdustries diverses ont concouru à sa construction, à son gréement, à sa marche, à son armement, ainsi qu'à l'alimentation, à la sécurité, à l'hygiène et au confort des navigateurs.

Considérez ce transatlantique superbe qui vient d'effectuer sa sortie du port et que le mouvement de son hélice pousse vers la haute mer. C'est tout un monde en marche. De son étrave à son étambot, de sa quille à la flèche de son grand mât, il n'est point pour ainsi dire une branche de l'activité humaine à laquelle il ne soit redevable.

Pour former sa coque, ses murailles et toutes les parties de sa membrure, il a fallu marteler, laminer, fendre, souder le fer ; employer la fonte, le cuivre, l'acier, la tôle, etc.; et que de travaux divers, que d'industries spéciales, que de bras et d'outils mis en œuvre entre la matière première extraite du minerai et son appropriation définitive!

Il a fallu s'adresser à la charpente et à la menuiserie pour tailler ses mâts et assembler les planches de son pont, que le calfat est venu ensuite consolider avec le chanvre et le goudron.

Sa voilure, son gréement, ses cordages en lin, chanvre, coton, bastin et laiton sont sortis de chez le voilier et le fabricant de fils de fer.

Puis, on a dû le munir de son appareil de marche à la vapeur, de ses chaudières, de son propulseur, des pièces compliquées de sa machine, condenseurs, régulateurs, arbres de couches, embrayages divers, et des accessoires tels que manomètres, compteurs, dynanomètres de traction, etc. Et ce sont les industries et arts mécaniques qui ont fourni tout cela.

Le matériel d'armement n'est pas moins compliqué. Ancres, chaînes, écubiers, guindeaux, cabestans, pompes, échelles d'embarquement, ballons, défenses pour parer aux abordages, gouvernails, appareils pour mettre à l'eau les embarcations, etc.

Mais que de choses lui manquaient encore!

Il avait besoin d'instruments pour guider, éclairer et mesurer sa route. Les ateliers de précision lui ont donné chronomètres, boussoles, baromètres, thermomètres, sextans, octans, roses des vents, sabliers, sonneries électriques; il a pris chez l'armurier des pierriers, des bombes et fusées de signal; et des cartes de navigation chez l'hydrographe.

Son équipage n'avait ni mobilier, ni vêtements, ni moyens d'alimentation. Et dix, vingt industries se sont mises aussitôt en mouvement. Les unes lui ont apporté des tables, des hamacs, des lits, des verres et des bouteilles, des couteaux, ciseaux et rasoirs, des montres et horloges, des appareils de chauffage et d'éclairage; les autres lui ont fourni le boire et le manger, des céréales, des pâtes, des biscuits, des conserves, des boissons fermentées et spiritueuses, des épices; d'autres, enfin, l'ont équipé des pieds à la tête, et avec le vêtement et le linge, lui ont encore procuré la malle, la valise et la sacoche.

Mais s'il y a des maladies à bord, si un accident arrive? Eh bien! les pharmacies portatives, les appareils mécaniques pour fractures y pourvoiront. Mieux encore, le bâtiment sera assaini, l'air y sera constamment renouvelé, à l'aide d'aérateurs d'un nouveau mode.

Avec les marins qui le conduisent, ce vaste et rapide navire emporte aussi des passagers, des excursionnistes, gens habitués pour la plupart aux commodités de la vie, aux recherches du logement et de la table, à toutes les élégantes distractions que procure la richesse. Il a fallu leur fournir des cabines luxueusement meublées, des baignoires, des tapis, des appareils pour la fabrication de la glace, des vins et liqueurs de haute provenance, des eaux minérales ; une bibliothèque, un piano ont été mis à leur disposition pour charmer les loisirs, et abréger les heures d'une traversée qui doit être longue.

Les soutes sont pleines de charbon, d'agglomérés de houille, de coke, de briquettes ; la chaudière a de quoi s'alimenter. Et maintenant que nous le savons pourvu du nécessaire et du superflu, bon voyage au navire !

Mais la mer, si calme dans la rade, peut cacher quelque perfidie derrière l'horizon. Une tempête peut éclater, un incendie se déclarer à bord. Malgré tous les efforts le péril s'accroît, on va brûler ou couler bas ; il faut abandonner le bâtiment. Ici encore intervient la prévoyance humaine qui fera du moins le possible pour arracher à une mort, trop certaine sans elle, les passagers et l'équipage. Les appareils de sauvetage sont jetés à l'eau, et réfugiés sur le radeau et sur le canot insubmersible, s'accrochant à la bouée et au ballon, les tremblants navigateurs pourront attendre que les appels des fusées et signaux de détresse aient été entendus de quelque point de l'espace.

Tel est le navire, et l'on a pu voir, même par cette incomplète énumération, qu'indépendamment des industries qui lui sont spéciales, il n'en est pour ainsi dire aucune de celles dont les produits sont à terre d'un usage journalier, qui ne doive aussi travailler pour lui. L'examen qui aboutit à une aussi instructive conclusion valait bien la peine qu'on s'y livrât.

IV

Section française d'exportation.

La navigation, pour laquelle nous venons de voir en mouvement tant de branches de l'activité, n'est elle-même que l'instrument du commerce : le transport et l'échange des marchandises, l'exportation des produits nationaux, l'extension des relations lointaines et la recherche de nouveaux débouchés; telle est sa tâche dans le travail général. Mais, pour qu'elle la puisse utilement remplir, on conçoit que le fret ne doit jamais lui faire défaut, et que c'est surtout la production nationale qui doit le lui fournir. « Navigation, exportation, on l'a dit avec justesse, sont les deux termes d'un même problème ; leur association est heureuse, elle ne peut qu'être féconde. »

Un appel adressé aux industries françaises d'exportation en même temps qu'aux industries maritimes, ne pouvait donc qu'être accueilli avec une faveur extrême, surtout au moment où le gouvernement venait de nommer une commission spéciale pour rechercher les moyens d'accroître notre commerce extérieur.

L'à-propos et l'utilité de l'Exposition actuelle ont été

particulièrement appréciés par la fabrique parisienne. Toujours attentive à ce qui se rattache directement ou indirectement à la question des débouchés, elle a compris, avec sa vive et admirable intelligence des affaires, qu'il y avait là pour elle l'occasion d'une publicité précieuse et de transactions importantes. Aussi s'est-elle associée, avec ardeur, à une entreprise qu'elle jugeait si favorable à ses intérêts, et l'a-t-elle faite sienne, en quelque sorte, par le nombre considérable de ses adhésions.

Cet empressement paraîtra, au reste, tout naturel à qui connaît l'organisation de l'exportation sur la place de Paris. Bien que l'élan ou l'arrêt de sa production détermine, en fin de compte, l'abondance ou la rareté du fret, le fabricant parisien n'est pas ordinairement en rapport avec le consommateur étranger. Il vend ses produits, à Paris même, à des agents ou acheteurs étrangers, et surtout aux négociants exportateurs de la place de Paris.

C'est ce qu'explique parfaitement la Chambre d'exportation dans sa réponse au questionnaire de la Commission officielle pour le développement du commerce extérieur : « Le commerce d'exportation de nos objets manufacturés, dit ce document, se trouve concentré à Paris, entre les mains de négociants exportateurs, véritables pionniers du commerce à l'étranger, qui achètent en leur nom, à leurs risques, et envoient au loin nos produits sur les marchés étrangers. »

D'où il suit que la vulgarisation des produits français d'exportation a surtout lieu à Paris, et que les Expositions ouvertes à Paris servent tout autant la cause de notre industrie que celles organisées à l'étranger. D'où il suit encore que, s'il est utile d'encourager les expositions étrangères, il est aussi avantageux d'encourager celles qui s'ouvrent à Paris.

C'est donc, en résumé, à l'industrie parisienne que cette partie importante de l'Exposition a principalement dû son succès. On peut même dire, sans exagération, qu'elle aura contribué pour la plus large part à la complète réussite de l'œuvre.

Aussi n'est-il point de spectacle plus varié, plus curieux et plus instructif, que celui que présentent les divers groupes de la section française. Il faut les visiter en détail pour se rendre compte de la fécondité inépuisable de la fabrique parisienne et de l'incontestable supériorité de ses produits. D'autres peuples peuvent propager plus loin, en quantités plus grandes et à meilleur marché, leurs objets manufacturés, mais le bon goût et l'ingéniosité restent toujours les marques distinctives de l'article Paris.

Ces groupes, au nombre de sept, embrassent le principaux articles d'exportation française fournissant du fret à la navigation, et se rattachant au développement de notre commerce maritime et aux progrès matériels et moraux de nos possessions d'outre-mer.

On y trouve, en conséquence, tout ce qui concerne :

Les industries du vêtement, depuis les fils et tissus de coton, lin, laine, soie, jusqu'aux accessoires décoratifs de la toilette, les gants, dentelles, fleurs et plumes, éventails, joyaux et bijoux ;

Le mobilier et la décoration, depuis les meubles ordinaires jusqu'aux plus élégants bahuts; depuis la la simple faïence jusqu'aux fines porcelaines, aux bronzes d'art et à l'orfèvrerie ; et enfin tous les appareils réputés de chauffage et d'éclairage;

Les matériaux et appareils pour la construction des habitations ;

L'hygiène, la médecine et les soins de la personne : parfumerie, chirurgie, baignoires, dents et yeux artificiels ;

La mécanique générale : matériel et procédés des divers travaux, industries ou exploitations ; matériel agricole ; carrosserie, bourrelerie et sellerie ;

Les arts chimiques : extraits des végétaux et minéraux ; corps gras, essences, goudrons, substances tinctoriales ; cuirs et peaux ; caoutchouc et gutta-percha ; matières premières de la pharmacie, eaux minérales ou gazeuses ; matériel de la fabrication des savons, bougies, vernis, essences, etc., etc.

Et enfin les arts libéraux : imprimerie, librairie, papeterie, dessin, photographie ; instruments de musique et arts d'agrément.

Ainsi, aucun n'a été oublié de ces produits dont l'étranger se fait l'acquéreur empressé, et qui vont porter, sur tous les points du globe, le témoignage de l'activité et du génie industriels de notre pays. Nos livres aussi, les œuvres de nos écrivains font partie du commerce français d'exportation, et ils n'en forment, certes, la branche ni la moins importante, ni la moins appréciée. Il y a longtemps que notre littérature, nos romans, notre théâtre, ont fait, pour la première fois, le tour du monde.

V

**Historique de l'Exposition de 1875. — Son fonction-
nement général. — Comité d'assistance aux œuvres
philanthropiques de la marine.**

Si, après cette revue nécessairement rapide des éléments qui composent la section d'exportation, le visiteur se reporte aux industries multiples qui se ratta-
chent à la navigation et aux produits des eaux, ne
sera-t-il point étonné du cercle immense qu'embrasse
cette exposition, et qui en fait, en quelque sorte, une
exposition universelle ? C'est le privilége de la spécialité
maritime de pouvoir enfermer toutes les autres, et de
ne laisser la porte fermée, pour ainsi dire, à aucune
industrie. C'est là aussi ce qui constitue l'originalité
de la conception première de l'entreprise, et ce qui a
déterminé le succès dont nous sommes témoins.

Ce succès est d'autant plus remarquable que l'exposition internationale de 1875 est due tout entière à
l'initiative privée. C'est son directeur, M. P. Nicole,
qui en a été le créateur et l'organisateur. L'élaboration
de ces vastes entreprises qu'on appelle des expositions,
et la conduite des opérations compliquées et délicates
qu'elles comportent étaient d'ailleurs depuis longtemps
familières à M. Nicole. Dès 1868 il faisait au Havre
une exposition internationale maritime dont la réussite dépassa toutes les prévisions, et depuis il n'a cessé
de suivre de près les diverses manifestations de l'industrie parisienne et toutes les questions relatives à
l'exportation. Il était donc admirablement préparé pour
la tâche qu'il a assumée.

Aussi rencontra-t-il dès l'abord les sympathies du monde officiel. Mais on peut dire que c'est M. Ozenne, l'éminent secrétaire général du Ministère de l'Agriculture et du Commerce, qui le premier assura le succès moral de l'œuvre par l'attention sérieuse et bien veillante qu'il accorda à son programme.

L'opinion publique ne tarda pas non plus à se prononcer pour une entreprise à laquelle tant de notabilités, d'illustrations même n'avaient point hésité à accorder leur concours. Les noms de l'amiral Fourrichon, président de la Commission supérieure de patronage, et des vice-présidents, MM. Cochery et le comte d'Osmoy, députés, devaient, certes, inspirer la considération et la confiance.

Enfin l'appel adressé aux gouvernements étrangers, aux représentants des industries maritimes françaises, et que les Ministères de la marine et des affaires étrangères avaient bien voulu faciliter, détermina bientôt un vaste mouvement officiel en faveur de l'Exposition. Nombre de nos chambres de commerce promirent leur appui, et des comités se formèrent spontanément dans de grandes villes étrangères. A Londres s'établit un comité important dont le lord-maire accepta la présidence, et dont l'intervention a été si efficace (1).

Cependant, par ses commissaires délégués, par ses agents et représentants divers, par des réunions publiques, par la presse surtout dont le concours n'est jamais refusé aux grandes et utiles entreprises, la Direction propageait son œuvre, à laquelle elle voyait, chaque jour, affluer les adhésions. Bientôt les exposants de l'étranger, de la province et de Paris surtout

(1) Voir aux Documents relatifs à l'Exposition internationale de 1875.

furent si nombreux, que l'immense palais de l'Industrie n'eût plus même à offrir l'hospitalité d'un mètre superficiel.

Après le succès moral, la réussite matérielle de l'Exposition de 1875 était assurée.

La Direction toutefois n'avait pas attendu ce dernier résultat pour prendre une initiative qui l'honore infiniment. Dès la première heure elle manifesta son intention de venir en aide aux œuvres philanthropiques de la marine, telles que sociétés de sauvetages, pupilles de la marine, institutions de secours spécialement créées pour les marins et les pêcheurs.

Ses vues généreuses ne tardèrent pas à être secondées, et il se forma un *Comité d'assistance aux œuvres philanthropiques de la marine.*

Cette œuvre, qui s'adresse directement à plus d'un million de Français, voués aux rudes et périlleux labeurs de la mer, et qui peut d'ailleurs devenir le point de départ d'une institution spéciale en faveur de notre population riveraine, obtint le plus précieux des patronages : la présidence d'honneur du Comité fut très-gracieusement acceptée par **Madame la Maréchale de Mac-Mahon.**

Parmi les fêtes qui seront organisées dans ce but humanitaire pendant la durée de l'exposition, les journaux ont déjà annoncé la *Grande tombola* qui doit être tirée dans le courant du mois d'août.

VI

LES ATTRACTIONS.

***

**La Cascade. — L'Aquarium. — L'Orchestre-concert.—
La statue de Christophe Colomb.**

Les souvenirs de l'Exposition universelle de 1855 ont
été maintes fois évoqués dans le public et dans la
presse, à propos de l'Exposition internationale de 1875.
Il est de fait que, depuis vingt années, le pays n'avait
point assisté à une manifestation aussi saisissante
et aussi complète de sa puissance industrielle.

De frappantes analogies dans les spectacles présen-
tés aux deux époques, viennent encore justifier ce
rapprochement. Ainsi, aujourd'hui comme il y a vingt
ans, une vaste galerie de machines en mouvement attire les visiteurs, qui peuvent assister aux merveilleu-
ses transformations de la matière première en produits
divers ; aujourd'hui comme il y a vingt ans, l'intérieur
de l'immense édifice se développe tout entier devant
le regard : les cloisons qui isolaient la nef centrale des
galeries Nord et Sud ont été enlevées, et le public, en-
trant comme jadis par la porte Est, jouit d'un aspect
d'ensemble extrêmement imposant et dont il peut regretter d'avoir été si longtemps privé.

Il n'est pas jusqu'à la décoration de la nef qui ne

rappelle celle de 1855. Ainsi la *Grande cascade* est établie sur le point même d'où jaillissaient les eaux, lors de la première exposition. Cette cascade est alimentée par les eaux de la ville, qui ont une force ascensionnelle de 20 à 30 mètres, suivant l'utilisation qui en est faite à l'intérieur comme à l'extérieur du Palais.

A ces rapprochements heureux et à l'intérêt que présente en elle-même l'Exposition de 1875, viennent d'ailleurs s'ajouter diverses attractions capables de servir d'aliment à la curiosité scientifique et au goût artistique des visiteurs.

Nous signalerons en premier lieu l'*Aquarium*.

Les établissements de cette nature sont d'une telle utilité au point de vue des sciences naturelles, de la connaissance de la faune et de la flore des eaux, qu'il y a lieu de s'étonner qu'une ville comme Paris en ait été privée jusqu'ici, ou du moins qu'il n'y en ait point été créé d'une manière permanente et dans des conditions dignes d'elle. Considérés comme de purs éléments de curiosité, les aquariums exercent, partout où ils existent, un attrait des plus vifs : ce n'est pas la foule, on se le rappelle, qui a fait défaut à la tentative organisée à Paris, il y a un certain nombre d'années, et à propos de laquelle une plume compétente écrivait ce qui suit :

« Il est généralement très-difficile, sinon impossible d'étudier et même d'apercevoir, dans la mer et les rivières, la plupart des animaux qui les habitent. Les uns fuient à l'approche de l'homme, y restent cachés sous des abris ; les autres fixent leurs demeures à de

grandes profondeurs. Si quelques espèces s'offrent parfois à nos regards, on n'en voit souvent que le dos ou
le profil et l'on ne peut distinguer leurs couleurs, leurs
formes, leurs mouvements. Enfin dans les collections
d'histoire naturelle, on ne trouve les animaux aquatiques qu'à l'état de squelettes ou de conserves dans
l'alcool ; mais alors les formes et les couleurs sont
modifiées ou altérées ; et d'ailleurs, c'est la mort au
lieu de la vie. L'aquarium, au contraire, est une maison de verre qui dévoile, dans tous ses secrets, la vie
de ses habitants, et qui permet à l'observateur de voir,
à toute heure du jour et de la nuit, ces êtres de forme,
de couleur et d'habitudes si diverses, accomplir sous
ses yeux tous les actes de leur existence. »

C'est ce spectacle si varié, si curieux et si instructif
que l'Aquarium offre aux visiteurs de l'Exposition de
1875.

Il est construit à l'extrémité ouest de la galerie du
bord de l'eau. Après avoir longé cette spacieuse galerie, entre les machines qui marchent et bruissent à
droite et à gauche, on se trouve devant un amas de
falaises, d'un dessin bizarre et tourmenté comme en
produit la nature en ses caprices. Le vaste bloc semble
émerger d'une rivière qui presse sa base de tous côtés,
comme une ceinture liquide. Il faut franchir un pont
rustique jeté par une main habile sur cette réduction
de torrent, pour pénétrer, par une sorte d'échancrure,
dans les flancs de la grotte. Grotte délicieuse, pleine de
fraîcheur et de silence, et dont les yeux bientôt habitués à l'obscurité qui y règne, parcourent avec intérêt les curieux détails.

Ne recevant de jour que celui qui vient des bacs,
elle est divisée, dans sa longueur, en deux sections

égales par une série de rochers que le public peut contourner vers le fond, de façon à aller et venir libre-
ment. Ces rochers groupés avec art, les stalactites qui
pendent çà et là sous la voûte, les plantes marines,
et les feuillages disposés dans les diverses parties de
la grotte composent une décoration des plus pittoresques.

Mais c'est surtout sur les bacs que se porte l'attention
de la foule. Ils sont au nombre de 19, dont dix peuplés
de poissons d'eau douce, et neuf consacrés aux poissons
d'eau salée. Derrière les glaces, vivent dans leur élément naturel et parmi les plantes et les herbes familières, les muets et mobiles habitants de l'océan et des
fleuves. On peut suivre à loisir et sans crainte de les
troubler, depuis les gracieuses évolutions des cyprins,
jusqu'aux fuites rapides des anguilles, jusqu'à la marche tortueuse des crustacés.

En arrière des bacs sont les couloirs de service, où
se tiennent les gardiens chargés de donner à manger
aux poissons, et d'entretenir la propreté des glaces.
C'est là aussi qu'est installée la distribution des eaux.
Les bacs d'eau salée sont alimentés par la rivière, qui
ne mesure pas moins de 2 mètres 50 de largeur.

La construction totale a une longueur de 35 mètres
sur une largeur de 15 mètres.

Aurons-nous tout dit quand nous aurons ajouté que
l'aquarium ne désemplit pas de visiteurs?

Il nous restera encore à apprendre au public que cet
aquarium, établi d'après un système tout à fait nouveau, est mobile, démontable et portatif. Nous n'a-
vons point demandé son secret à l'inventeur, mais
nous savons que, s'il le voulait, ses bacs peuplés de
poissons pourraient, d'ici à quelques jours, figurer

dans une exposition qui s'ouvrirait à cent lieues de Paris.

Le public a la passion de la musique ; il l'exige partout, ne serait-ce que comme diversion aux plus curieux spectacles, et il prétend qu'elle soit excellente. On peut dire qu'il est servi à souhait, au Palais de l'Industrie. — Par le nombre des artistes, par la valeur de chacun d'eux et par le choix des morceaux, l'*Orchestre-concert* de M. Witman ne laisse rien à désirer aux plus difficiles. Aussi ces auditions quotidiennes sont-elles suivies avec un remarquable empressement.

Devant l'entrée principale du Palais de l'Industrie est exposée, depuis quelques semaines déjà, une statue en bronze de *Christophe Colomb*. M. Ch. Cordier, l'auteur de cette belle œuvre, a gracieusement consenti à ce qu'elle demeurât à cette place pendant la durée de l'Exposition maritime de 1875. Le monument élevé à la gloire du célèbre navigateur recevra ainsi de ce rapprochement sa vraie et complète signification, en même temps qu'il formera la décoration la plus grandiose et la mieux appropriée, des abords de l'édifice.

Christophe Colomb est représenté debout, soulevant le voile qui couvrait la terre, et remerciant le ciel de l'avoir choisi pour l'accomplissement de ce grand acte. Ses traits et toute sa personne sont rendus avec une scrupuleuse exactitude. Il a le gros nez des Génois ; il est de haute taille, imposant ; son aspect, toutefois, est plutôt celui d'un bourgeois que d'un militaire ou d'un penseur ; on sent que le fils de l'humble cardeur de laine vivait entre la terrible Inquisition et une aristocratie farouche. Le génie, l'obstination dans l'idée conçue se lisent dans les lignes fermes du visage ; le geste et le regard légèrement extatique sont parlants. Il porte le costume italien du seizième siècle. Tout cela est simple, grand et vrai.

Quatre figures en bronze ornent le piédestal. Ce sont celles de deux moines franciscains, Juan Perez et de Marchena, d'un missionnaire et d'un dominicain, Las Casas et Diego de Deza, qui coopérèrent à l'œuvre de Colomb par l'appui moral qu'elle trouva auprès d'eux.

Deux bas reliefs, en bronze également. — L'un représente la découverte et la prise de possession du sol. Au fond, dans une éclaircie de forêt vierge, la mer, une caravelle sur le rivage, et non loin un homme à genoux, remerciant le ciel. Sur le premier plan, les Indiens épouvantés se sauvant dans toutes les directions et montant aux arbres. — L'autre, très-fort en perspective, représente la colonisation, la construction d'une ville, d'une église, des chantiers de travailleurs.

Sur la face du socle est cette inscription : *A Cristobal Colon*, avec un tors de laurier et ses armes. Sur le derrière du socle est gravée une lettre de Colomb adressée au souverain d'Espagne et lui annonçant la grande découverte. Des lauriers et des palmes enlacés décorent le texte.

M. Cordier a été aidé dans les profils de l'architecture par M. Rossigneux ; M. Violet a admirablement appareillé le monument dans sa pierre rouge du Jura, et en a monté à joint sec les diverses pièces qui devront être transportées séparément.

C'est ici le moment de dire que cette statue colossale est destinée à Mexico. Les journaux ont raconté comment elle avait été commandée à l'éminent sculpteur français par un richissime citoyen de la république mexicaine, jaloux de venger enfin le grand Génois de l'ingratitude du monde et notamment de l'Amérique. Quant à nous, nous ne pouvons que nous féliciter de ce que l'exécution d'une œuvre d'un intérêt aussi universel ait été confiée à l'un de nos compatriotes.

Il va sans dire que nous ne pouvons qu'indiquer ici les attractions principales actuellement offertes au public. Le nombre et l'importance ne feront que s'en accroître encore pendant la durée de l'Exposition : plus d'une surprise nouvelle, nous le savons, est ménagée à la curiosité des visiteurs.

VII

DOCUMENTS RELATIFS
A L'EXPOSITION INTERNATIONALE DE 1875.

Comité d'assistance aux œuvres philanthropiques de la marine.

La présidence d'honneur de ce comité a été très-gracieusement acceptée par Madame la Maréchale de Mac-Mahon.

Le Comité peut encore compter sur le bienveillant patronage de Mesdames : l'amirale Fourichon, Dufaure, vicomtesse de Meaux, maréchale Randon, baronne Benoist-d'Azy, marquise de Forbin, amirale Larrieu, marquise de Montaignac, comtesse d'Osmoy.

Le bureau est ainsi composé :

Président :

MM. L'Amiral FOURICHON, G. O. ✳, ancien ministre, membre de l'Assemblée nationale ;

Vice-Président :

M. l'abbé TRÉGARO, O. ✳, aumônier en chef de la marine.

Secrétaire :

M. P. NICOLE, ✳, Directeur de l'Exposition.

Trésorier :

M. J. SAVOY, membre de la Commission supérieure de patronage.

Administration de l'Exposition

L'exposition s'organise sous la direction et par les soins de M. NICOLE, ✳.

BUREAUX DE LA DIRECTION.

Secrétariat général et Inspection.

MM. de la BRUYÈRE, ✳, secrétaire général.
  PARMENTIER, attaché au secrétariat.
  ROUSSET, attaché au secrétariat.
  BARRALE,   —   pour le service de la presse.

COMPTABILITÉ ET ADMISSIONS.

MM. BOIELDIEU, chef du bureau.
  LACOMME, attaché.

AGENCE DES ADMISSIONS.

M. Piegu, chef de l'agence.

CONTENTIEUX.

M. FACHE, arbitre au Tribunal de commerce, chef du contentieux.

ARCHITECTURE.

MM. DUTROU, ✳, architecte du palais. — Architecte en chef de l'Exposition.
  LEBŒUF, architecte adjoint.
  BESNARD, architecte chargé des installations.
  BRUSEAU, dessinateur.

MÉCANIQUE.

MM. E. VIVANT, ✳, mécanicien principal de la marine.
  E. GIRAUDON, ✳, premier maître mécanicien.
  F. CONSTANS, deuxième maître mécanicien.

Commission supérieure de patronage.

Président :
M. L'Amiral FOURICHON, G. O. ✳, député, ancien ministre.
      Vice-Présidents :

MM. Cochery, député.

Le comte d'Osmoy, ✵, député.

Membres :

Abbo (Eugène), ✵, président de la Chambre de commerce de Nice ;

Alauzet, mécanicien ;

Arnould (Charles), membre de la Commission des colonies ;

Aubry-le-Comte, O. ✵, O. d'Académie, commissaire de Marine, conservateur de l'Exposition permanente des colonies ;

Bardoux, député ;

Baudouin, ✵, président du Conseil des Prud'hommes;

Benoit-Champy (Gabriel), conseil du Ministère de la Marine, vice-président du yacht-club de France ;

Bernard, ✵, président de la Chambre de commerce de Lille ;

Bourdon, négociant, vice-président de la Chambre de commerce de Dunkerque.

Buquet, adjoint au maire du 6e arrondissement, fabricant ;

Claude (des Vosges), filateur, député, président du Conseil général des Vosges;

Fernandez Rodella, consul général du Chili ;

De Aventano, vice-consul d'Espagne ;

Dalloz (Paul), ✵, directeur du *Moniteur universel ;*

Dannet, ✵, manufacturier, ancien président du Tribunal de commerce de Louviers ;

Daudet (Ernest), directeur des Journaux officiels ;

Delesse, ✵, membre de l'Institut, ingénieur en chef des Mines, professeur de géologie à l'École normale, professeur d'Agriculture à l'École des Mines ;

Detroyat, ✵, président de la Chambre de commerce de Bayonne ;

Dietz-Monnin, ✵, député ;

Doré (Camille), délégué de la Société centrale de sauvetage des naufragés ;

Doumet-Adanson, maire de Cette ;

Dubreuil, président de la Chambre de commerce de Brest ;

Dumont, président de la Chambre de commerce de Cherbourg ;

L'abbé Durand, vicaire de Notre-Dame, archiviste de la Société de géographie ;

Duvelleroy, ✵, fabricant d'éventails ;

Faure (Lucien), président de la Chambre de commerce de Bordeaux ;

Floquet, Vice-Président du Conseil Municipal de Paris ;

Flotard, député ;

Flameng (Léopold), ✵, graveur artiste ;

Gargan, mécanicien, constructeur de matériel de chemins de fer ;

MM. Garnier, (Charles), O. ※, architecte, membre de l'Institut ;

Gervais (Paul), ※, membre de l'Institut, professeur d'anatomie comparée au Muséum ;

Gilée, ※, président de la Chambre de commerce de Nantes ;

Gimmig, O. ※, Président de la Chambre de commerce de Marseille ;

Girod, maire du 6e arrondissement ;

Gosselin, président de la Chambre de commerce de Boulogne ;

Guettier, mécanicien ;

Guiet (Michel) ;

Le Baron d'Erlanger, consul général de Grèce ;

Houlbrèque, président de la Chambre de commerce de Fécamp ;

Houssaye (Arsène), O. ※ ;

Pelletier, ※, consul général du Honduras ;

Laurent de Rillé, président de la Chambre syndicale des éditeurs et compositeurs de musique ;

Lemercier, ※, imprimeur-lithographe ;

Loua (Toussaint), secrétaire général de la Société de statistique de Paris, chevalier de l'ordre des Saints-Maurice et Lazare ;

Maunoir, secrétaire général de la Société de géographie ;

Mouchaux, président de la Chambre de commerce d'Abbeville ;

Le Maire du 19e arrondissement ;

R. Nicole, armateur au Havre ;

Ouizille, président de la Chambre de commerce de Lorient ;

Petiniaud-Dubos, ※, président de la Chambre de commerce de Limoges ;

Peyruc (Pons), ※, président de la Chambre de commerce de Toulon ;

Martin Coster, consul général des Pays-Bas ;

Le vicomte de Proença Vieira, consul général du Portugal ;

Rénard, ※, exportateur ;

Savalle, fabricant d'appareils de distillation ;

Savoy, négociant-exportateur ;

Suc, mécanicien constructeur,

Savouré, maire du 20e arrondissement ;

Teston, ※, conservateur de l'Exposition permanente de l'Algérie ;

Trégaro, O. ※, aumônier en chef de la marine ;

Le marquis de Valfons, député ;

Vulfran-Mollet, ※, président de la Chambre de commerce d'Amiens.

Commission chargée de dresser le règlement du jury et d'en préparer l'élection de concert avec la direction de l'exposition.

Président :

MM. COCHERY, membre de l'Assemblée nationale ;

AUBBY-LE-COMTE, O. ✻, officier d'Académie, commissaire de la Marine, conservateur de l'Exposition permanente des colonies ;

BAUDOUIN, ✻, président du conseil des Prud'hommes ;

BOSSUAT, fabricant de tissus ;

BUQUET (Ch.), fabricant, adjoint au maire du 6ᵉ arrondissement ;

CHAPU, négociant ;

CLAUDE (des Vosges), filateur, membre de l'Assemblée nationale ;

DIETZ-MONNIN, ✻, manufacturier, député ;

DUPUY DE LOME, G. O. ✻, membre de l'Institut ;

DUVELLEROY, ✻, fabricant d'éventails ;

GUETTIER, constructeur-mécanicien, commissaire de la classe de la mécanique ;

GUIET, carrossier ;

LAVIGNE, O. ✻, officier de marine ;

LEMERCIER, ✻, lithographe ;

MARIENVAL, fleurs ;

MAZAROS-RIBALIER, fabricant de Meubles ;

PARIOT-LAURENT, président de la chambre syndicale de la passementerie ;

PIEL, président de la chambre syndicale de la bijouterie-imitation ;

RENNES, brosserie ;

SAVALLE, industriel ;

SAVOY, exportation ;

SUC, industriel ;

TOUZET, président de la chambre syndicale de la chaussure ;

TESTON, ✻, conservateur de l'Exposition permanente de l'Algérie ;

VULFRAN-MOLLET, ✻, président de la Chambre de commerce d'Amiens.

Comité anglais.

Président :

The Right Hon. the LORD MAYOR.

The Right Hon. Lord ABINGER.

Professor T. C. ARCHER, Directeur du Musée d'Edimbourg.

Sir Frederick ARROW, Vice-Président de *Trinity-House*, Prince de Galles, *président.*

Sir Thomas BAZLEY, M. P.

Henry BESSEMER, Esq., Inventeur du nouveau bateau de ce nom.

H. W. BOLCKOW, Esq., M. P. Fondateur du *Bethnal-Green Museum.*

Sir Antonio BRADY.

Alexander BROGDEN, Esq., M. P.

Frank BUCKLAND, Esq., M. A., Inspecteur des pêcheries.

Charles CAMERON, Esq., M. P.

John CARTER, Esq., F. A. S., F. R. A. S., *Alderman.*

Hyde CLARKE, Esq., D. C. L.

The Rt. Rev. Bishop CLAUGHTON, D. D., Chapelain général de l'armée.

E. W. COOKE, Esq., R. A., F. R. S.

Ernest CORBIERE, Esq.

Colonel A. Angus CROLL.

Sir Thomas DAKIN, *Alderman.* Ancien *Lord Mayor.*

Surgeon-Major Francis DAY, F. L. S.

The Right Hon. The LORD MAYOR of Dublin.

The Rt. Hon. Earl DUCIE, P. C., F. R. S.

H. W. EATON, Esq., M. P.

Sir Philip Grey EGERTON, Bart., M. P.

Lord ELCHO, M. P.

J. W. ELLIS, Esq., *Alderman and Sheriff.*

The Rt. Hon. the LORD POVOST of Edinburgh.

The Most Noble the MARQUIS of EXETER. P. C.

F. H. FOWLER, Esq.

Sir Thomas GABRIEL, Bart., *Alderman,* Ancien *Lord Mayor.*

The Rt. Hon. the LORD PROVOST of Glascow.

Sir Daniel GOOCH, Bart., M. P.

E. W. H. HOLDSWORTH, Esq., F. L. S. Ancien Secrétaire de la Commission Royale des pêcheries.

Dr. Peter HOOD.

Robert HUDSON, Esq., F. R. S., Vice-Président de la Société zoologique.

Edward JENKINS, Esq., M. P.

H. Reader LACK, Esq.

Henry LEE, Esq., F. L. S., F. G. S., Directeur de l'Aquarium de Brighton.

E. P. LINTHILLAC, Esq., Maison anglaise d'Arlès Dufour.

Sampson LLOYD, Esq., M. P., Président de l'Association des Chambres de commerce.

Sir Louis MALLET, C. B. (du Conseil du gouvernement des Indes).

R. J. MANN, Esq., M. D., F. R. A. S., Président de la Société météorologique.

Hugh MASON, Esq.

A. J. MUNDELLA, Esq., M. P.

John NAPIER, Constructeur de navires.

Vice-Admiral E. OMMANNEY, C. B., F. R. S.

Admiral the Rt. Hon. Lord Clarence PAGET, K. C. B.

John PENDER, Esq., M. P.

Rt. Hon. Lyon PLAYFAIR, M. P., C. B. Ancien ministre.

Sir Charles REED, Président du *School-Board* de Londres.

E J REED, Esq., C. B., M. P.

Rev. Arthur RIGG, M. A. A. attaché à la *Society of arts* pour les lectures scientifiques.

Eugène RIMMELL, Esq.

C. T. RITCHIE, Esq., M. P.

The Rev. Wm. ROGERS, M. A.

J. D'A. SAMUDA, Esq., M. P., Constructeur de navires.

Gilbert SANDERS, Esq., Ancien Président des Expositions irlandaises.

James SHAW, Esq., *Sheriff*.

G. J. SWANSTON, Esq.

Spencer WALPOLE, Esq., Inspecteur de pêches.

J. Forbes WATSON, Esq., M. A., M. D., Directeur du Musée des Indes.

Sir Joseph WHITWORTH, Bart.

J. W. WILLIS-BUND, Esq., Vice-Président de la Commission des pêches du saumon dans la Severn.

James YEAMAN, Esq., M. P.

The Right Hon. the LORD MAYOR of York.

Les Maires de toutes les villes et bourgs d'Angleterre et d'Irlande.

Les Prévôts d'Écosse.

Les Présidents de toutes les Chambres de Commerce.

Edmund JOHNSON, *Commissaire Délégué, and Hon. Secretary.*
3, Castle Street, Holborn.

LES

INSCRIPTIONS MURALES

DU

PALAIS DE L'INDUSTRIE

Le Palais a d'autres témoins de ses spectacles et de ses triomphes que les foules qui se pressent dans ses galeries : il a aussi les morts illustres dont les noms, inscrits à son fronton, lui font comme une rayonnante couronne.

La science, l'industrie et les arts ont là leurs principaux représentants dans le passé, et, à l'aide de quelques groupements, on arriverait à reconstituer les grands traits de l'histoire du génie humain.

Tâche instructive, et commode d'ailleurs, que la Commission chargée de déterminer les inscriptions a sans doute voulu laisser au public, car aucune règle précise ne semble avoir présidé à son choix. Architectes, chimistes, peintres, économistes, astronomes, sculpteurs, mécaniciens, industriels, musiciens, etc., etc. ; on dirait qu'elle a mis et agité dans un sac, noms, siècles et nationalités, qu'en a ensuite extraits la main du hasard.

Ce glorieux pêle-mêle de souvenirs auxquels s'attache indistinctement la reconnaissance des peuples, peut avoir, au surplus, sa raison d'être. Nous ne voyons donc pas d'inconvénient à suivre l'*ordre* indiqué sur les frises.

Une exception, toutefois, a été faite en faveur de dix hommes d'un génie tout à fait supérieur, dont les médaillons ornent l'entrée principale.

Au-dessus du portail sont les images de *Charlemagne* et de *Napoléon Ier*.

Une commission impériale ne pouvait omettre les deux empereurs. Une autre eût cru, peut-être, devoir le même hommage à plusieurs de nos rois qui s'appliquèrent surtout aux œuvres de la paix. Elle n'eut point, d'ailleurs, méconnu les titres des deux césars à cette place prééminente : ni les prodigieux efforts du premier, contre l'ignorance et le désordre de son époque, ni les grandes institutions que notre pays doit au second. Les capitulaires l'eussent fait songer au code civil ; et peut-être que du palais d'Aix-la-Chapelle ouvert aux premières écoles et à la première Académie, sa pensée se fût reportée sur le palais du Louvre ouvert en l'an IX à la deuxième exposition.

Sur les deux côtés du portail se trouvent les médaillons des huit grands inventeurs par excellence :

A droite :

CUVIER. Il a retrouvé les antédiluviens; il a reconstruit à l'aide de quelques débris tout un monde disparu, et en classant méthodiquement les couches successives de la terre, il a fourni les moyens d'en déterminer l'ancienneté prodigieuse (1769-1832).

Il n'y a guère que trois siècles pourtant que l'on sait qu'elle tourne autour du soleil, cette terre si vieille ! Et c'est GALILÉE qui l'a révélé à ses habitants.

E per si muove, s'écria devant ses bourreaux le vieillard révolté, tenant encore à la main le cierge de l'amende honorable (1564-1642).

Il venait de mourir quand naquit NEWTON, le plus grand génie qui ait existé, disait Voltaire. Un jour, une pomme tombe devant lui, et la loi de la gravitation universelle est trouvée, et la terre prend sa place parmi les planètes, et la lune se met à tourner autour d'elle, et les comètes décrivent leurs paraboles, et des myriades de sphères commencent dans l'infini leurs rotations vertigineuses (1641-1727).

Que sont devenus et la terre plate et le ciel immobile avec ses clous de diamant ? Ce que vont devenir à leur tour les cinq éléments, l'eau, le feu et les autres. LAVOISIER montre que la combustion des corps est le résultat de la combinaison de l'oxygène avec ces corps ; il décompose l'eau en air inflammable et en air respirable, en hydrogène et oxygène. Il prouve, en outre, avec Guyton de Morveau, qu'une science doit être une langue bien faite, en donnant à la chimie sa nomenclature. Tant de services ne le préservèrent pas de la guillotine (1743-1794).

A gauche :

C'est DENIS PAPIN, qui démontra, à l'aide de sa fameuse marmite, que mieux encore que le levier d'Archimède, la vapeur peut soulever le monde ; et qui, appliquant le premier à la navigation cette force nouvelle, parcourut la Fulda sur un bateau marchant « par le moyen du feu » (1657-1709).

C'est JAMES WATT, qui améliorant et multipliant ces
applications, décupla en quelques années la richesse
des industries manufacturières, et mourut en disputant
à des intrigants audacieux l'invention de ses machines (1736-1819).

C'est GUTTENBERG, qui créa, par l'invention des caractères mobiles, une force autrement expansive encore
que la vapeur (1400-1468).

Enfin, c'est Michel-Ange, peintre, sculpteur, architecte, l'artiste trois fois sublime qui a fait le *Jugement dernier*, *Moïse* et la *Coupole de Saint-Pierre*
(1474-1563).

Nous allons maintenant, s'il vous plaît, faire le tour
du monument. Plaçons-nous à l'angle Nord et diri-
geons-nous vers le Sud en longeant la façade principale. Ici commence, pour ne finir qu'au point de départ, la vaste et glorieuse confusion dont nous avons
eu soin de prévenir le visiteur.

H. CAVENDISH (1735-1810). Anglais et chimiste. Il
découvrit les propriétés de l'hydrogène et reconnut la
composition de l'eau. Le plus riche de tous les savants
et le plus savant de tous les riches : le mot est de
M. Biot.

OWERBECK, né en 1789, à Lubeck. — Célèbre peintre
allemand qui a fait sa réputation en Italie. Chef de
l'école de Dusseldorf. Honneur exceptionnel, c'est le
seul vivant dont le nom ait été inscrit aux frontons du
Palais de Cristal et du Palais de l'Industrie.

PIERRE LESCOT (1510-1518). Il a fait la fontaine des Innocents, dont les fameuses cariatides sont de Jean Goujon.

GLUCK (1714-1787). Etes-vous pour la mélodie ou pour l'harmonie, pour Piccini ou pour Gluck ? C'est comme si l'on demandait aujourd'hui : êtes-vous Gibelin ou Guelfe ? — On doit à Gluck les premières œuvres de musique dramatique, *Alceste*, *Orphée*…, et le trombone.

BRONGNIART (1770-1847). Naturaliste, géologue, chimiste. Il créa le Musée céramique et fut le collaborateur de Cuvier.

HAUSSMANN (1749-1824). Chimiste et manufacturier de Colmar. Il perfectionna la coloration de la garance, introduisit en France le bleu anglais, et fixa le bleu de Berlin sur le coton.

AMONTONS (1663-1705). L'inventeur du télégraphe à signaux. L'électricité eût fait oublier son nom, mais on se rappelle que c'est à lui que le baromètre, le thermomètre, l'hygromètre doivent leurs perfectionnements.

PHILIPPE DE GIRARD (1775-1845). « Un maréchal de l'industrie, mort sur la brèche. » C'est un maréchal de la science, François Arago, qui l'a dit. — Il inventa la machine à filer le lin, et au lieu du million promis à l'inventeur, il trouva la prison de Clichy, puis l'exil. Une ville porte son nom, mais c'est une ville de Pologne, Girardow !

LEIBNITZ (1646-1716). Philosophe, jurisconsulte, publiciste, physicien, mathématicien et historien. Il fit de grandes découvertes, mais dont plusieurs lui furent contestées, entre autres la nouvelle Machine arithmétique et le Calcul différentiel. Personne, par exemple, ne songea à lui disputer le système de l'Harmonie préétablie.

LÉONARD DE VINCI (1452 - 1519). Tout le monde connaît la *Sainte Cène*, et il n'est personne qui n'ait contemplé la *Joconde*, au musée du Louvre. Léonard a fait aussi la statue équestre du duc de Milan, et il a composé force sonnets italiens, on ne l'ignore peut-être pas. Mais combien savent que c'est lui qui inventa les écluses et le tour ovale des tourneurs?

S. LACROIX (né en 1765). Un cours de mathématiques sur lequel tout collégien a plus ou moins pâli : c'est clair, méthodique et sec.

BUFFON (1707-1788). « Le plus noble animal... » « Le génie est une longue patience... » « Le style, c'est l'homme. » Ni l'un ni l'autre ne plaisaient à M. de Voltaire. L'*Histoire naturelle* n'en a pas moins placé M. de Buffon au premier rang des écrivains aussi bien que des savants.

VAUQUELIN (1763-1830). Il était du village de Saint-André d'Hébertot, dans le Calvados. Il en partit pour aller s'employer à Rouen comme garçon apothicaire, et il y revint célèbre et blasonné. Mais dans l'intervalle, il avait habité Paris, travaillé avec Fourcroy, et découvert la glucine et le chrôme.

L'abbé de l'Epée (1712-1789). Les gens du monde se moquaient; les savants niaient; les théologiens s'indignaient : les sourds-muets, cependant, entendaient avec leurs yeux et parlaient avec leurs mains. Aujourd'hui, de l'Épée est mis au premier rang des bienfaiteurs de l'humanité, mais ce ne fut qu'après sa mort que fut fondé l'établissement dont il avait, toute sa vie, sollicité la création.

Fourcroy (1755-1809) faillit se faire comédien et devint un grand chimiste. Travailla à la nomenclature, fut membre du Comité de Salut public, mais ne put sauver la tête de son ami et collaborateur Lavoisier. Conseiller d'État après Brumaire, il organisa l'Université. Mais croirait-on que ce conventionnel, tout comme le tendre Racine, mourut du chagrin que lui causa une disgrâce?

Mansart (1598-1666). Ils sont deux qui ont illustré ce nom : l'oncle et le neveu. L'oncle a inventé la toiture appelée mansarde; le neveu a fait la Place des Victoires et le Dôme des Invalides.

Galvani (1737-1798). Vous prenez une grenouille morte, vous la dépouillez, vous placez entre un muscle et un nerf deux lames de métaux dissemblables, et aussitôt la grenouille s'agite. Voilà l'origine du galvanisme, autrement dit de l'électricité animale. Mais Volta devait changer tout cela...

J.-B. Keller (1638-1702). Célèbre fondeur en bronze. La statue équestre de Louis XIV a disparu de la place

Louis-le-Grand, mais le *Rémouleur* est toujours dans le jardin des Tuileries.

PINAIGRIER (1490-1545). Habile peintre sur verre, dont le temps et les révolutions n'ont point respecté l'œuvre. On l'appelait le bon Pinaigrier, et l'éloge était autant pour l'artiste que pour l'homme.

G. STEPHENSON (1781-1848). Olivier Evans avait fait le chariot à vapeur qui se mouvait avec peine ; Stephenson fit la locomotive, qui franchissait deux lieues en une heure. Elle devait attendre, pour dévorer l'espace, la chaudière dite titulaire du Français Séguin.

RUMFORT (1753-1814). Né en Amérique, il mourut, comme Boileau, dans sa maison d'Auteuil. Philanthrophe et mathématicien. Créa les soupes économiques qui portent son nom, aussi fut-il appelé « l'ami des hommes. »

DESCARTES (1596-1650). Un grand penseur qui apprit aux autres à penser : le *Discours sur la méthode* est le complément du *Novum organum* de François Bâcon. Fut aussi un physicien et un mathématicien de premier ordre, mais se perdit dans ses tourbillons et refusa toute intelligence aux animaux.

JACQUART (1752-1834). Encore un grand inventeur pour qui le succès est venu trop tard ; encore une promesse de Bonaparte emportée par le vent de la guerre ! Aujourd'hui « le métier à la Jacquart » est universellement employé dans la fabrication des tissus.

Robert Fulton (1767-1815). Depuis un demi-siècle l'idée des bateaux à vapeur était dans l'air. Fulton la réalisa le premier d'une façon pratique. Repoussé par la France, l'Américain retourna dans son pays, et bientôt un steam-boat flotta sur l'Hudson, entre Albany et New-York.

Gilles Gobelin, et son frère, célèbres teinturiers du xvi° siècle. Ils retrouvèrent un art perdu depuis l'antiquité, et le surpassèrent même par la découverte de l'écarlate, la plus éclatante des couleurs. Leur nom est resté à leur établissement, depuis transformé en manufacture de l'État et d'où sont sorties des tapisseries admirées du monde entier.

Jean Goujon. Naissance inconnue, vie illustre, mort tragique : le soir de la Saint-Barthélemy, un coup d'arquebuse le tua sur son échafaudage, pendant qu'il travaillait au vieux Louvre. On a de lui les bas-reliefs de la Fontaine des Innocents, les Cariatides de la salle des Cent Suisses et de la salle du Musée, la statue nue et couchée de François Ier sur son tombeau à Saint-Denis, etc., etc.

J.-B. Say (1767-1832). Célèbre économiste. Il propagea d'abord, par ses livres, les doctrines d'Adam Smith, qu'il fut chargé, plus tard, de professer dans la chair du conservatoire des Arts et Métiers, puis dans celle du collége de France.

Herschell (1738-1822). Trop pauvre pour acheter un télescope, il en fabriqua un de ses mains ; puis il le dirigea vers le ciel où il découvrit Uranus. La planète ne fut point ingrate, et lui procura gloire et fortune.

PRIMATRICE (1490-1570). Peintre et architecte Bolonais, qui fut longtemps en faveur à la Cour de France. On lui doit le monument funèbre de Henri II, le dessin du tombeau de François Ier et surtout les peintures du château de Fontainebleau.

TORICELLI (1608-1647). Élève de Galilée. Il démontra que « la nature n'a horreur du vide » que jusqu'au point où la pesanteur de la colonne atmosphérique fait équilibre au liquide engagé dans le tube; c'était inventer le baromètre.

CHRISTOPHE COLOMB (1441-1506). A l'aube du 12 octobre 1492, la vigie cria : terre! terre! C'était la fin des fatigues, des révoltes et des terreurs de l'équipage, c'était le commencement de la gloire. Le vide immense de l'océan Atlantique était comblé, l'équilibre du globe rétabli, l'Amérique découverte... Mais on sait que le « vice-roi des pays nouveaux » ne put trouver un toit pour y abriter son agonie.

F. ARAGO (1786-1853). Grand astronome et grand citoyen. Il enrichit la science de découvertes qui suffiraient à l'illustration de toute une Académie, et il ne put survivre à nos libertés renversées par le coup d'État de décembre.

MONTHYON (1733-1820). Quand il était jeune et magistrat, on l'appelait « le grenadier de la robe » pour marquer sa rigide intégrité; quand il fut vieux, il fonda le prix de vertu qui porte son nom et que nul mieux que lui ne mérita.

VAUBAN (1633-1707). Voltaire a dit de lui : « Il fut le premier des ingénieurs et le meilleur des citoyens. » Il a fait faire d'immenses progrès à l'art des siéges et des fortifications, mais nous savons trop que la puissance de l'artillerie moderne exige aujourd'hui d'autres perfectionnements.

BERTHOUD (1727-1807). L'inventeur des horloges marines. Outre l'heure, elles donnent la longitude en mer, et ne se dérangent jamais par les explosions de l'artillerie.

CANOVA (1747-1822). Sculpteur célèbre dont le talent tour à tour sévère et gracieux a rempli de chefs-d'œuvre Venise, Rome et Paris. *Thésée assise sur le Minotaure vaincu. L'amour et Psyché couchés. La Madeleine repentante. La princesse Borghèse sortant du bain, demi-nue, couchée sur un lit de repos. Persée tenant la tête de Méduse...* Sujets éternels d'admiration pour le public et d'étude pour les sculpteurs.

PLINE (23 av. J.-C. 70 après). C'est de l'Ancien qu'il s'agit; de celui qui écrivit en trente-sept livres l'*Histoire naturelle* ; de celui qui disait : vivre, c'est veiller; de celui enfin qui mourut asphyxié par la fumée du Vésuve qu'il avait voulu observer de trop près, le jour même qui vit disparaître Pompeïes et Herculanum.

VITRUVE (116-26 av. J.-C.). Le grand théoricien de l'architecture antique. Il a ressuscité les monuments de la Grèce et de Rome dans son célèbre traité.

PHIDIAS (5ᵉ siècle av. J.-C.). Le marbre, le bronze, l'or, le bois et l'ivoire étaient ses serviteurs, et jamais artiste ne leur fit aussi bien exprimer la beauté divine, composée de majesté, de force et de grâce. Si ses Minerves excitaient une admiration unanime, c'est une véritable terreur qu'inspirait son Jupiter Olympien, colosse haut de soixante coudées, l'une des sept merveilles du monde. L'Homère de la sculpture, a-t-on dit.

APPELLES (4ᵉ siècle av. J.-C.). Celui-ci est l'Homère de la peinture. Ses chevaux faisaient hennir les cavales. Il peignit des scènes religieuses et patriotiques; il montra Alexandre tenant la foudre, et Vénus sortant de la mer.

ARCHIMÈDE (3ᵉ siècle av. J.-C.). Pline disait : vivre, c'est veiller. Archimède aurait pu dire : vivre, c'est inventer. Il inventait encore lorsqu'était levé sur lui le fer du soldat romain qui l'allait tuer. On connaît ses découvertes; nos savants en profitent chaque jour.

PHILIBERT DELORME (1505-1577). Le Palais des Tuileries fut son œuvre la plus importante, mais le château d'Anet fut son œuvre préférée.

VAUCANSON (1709-1782). Ils barbottaient réellement, ses deux canards, prenaient du grain dans l'auge avec leurs becs, l'avalaient et le..., digéraient. Amusement d'un mécanicien de génie, auquel toute l'Europe applaudit. Il fit aussi un automate qui jouait de la flûte. Il avait conquis le droit d'inventer les moulins à soie.

PERRONNET (1708-1794). Le fondateur de l'École des Ponts et Chaussées, le constructeur des Ponts Louis XV, de Neuilly, de Sainte-Maxence, de Nemours, de la Concorde. Son buste est, à la Société Royale de Londres, à côté de celui de Franklin.

CHAPPE (1763-1805) reprit et perfectionna l'idée du télégraphe à signaux d'Amontons. La nouvelle machine débuta par l'annonce d'une victoire, la reprise de Condé sur les Autrichiens (1793).

P. PUGET (1623-1694). Surnommé par ses concitoyens « le Restaurateur de Marseille » à cause des progrès qu'il fit faire à la construction des navires, et par le monde entier « le Michel-Ange français », à cause du *Milon de Crotone*, *Persée délivrant Andromède*, le bas-relief de l'*Assomption*, etc.

BERTHOLLET (1748-1822). L'un des quatre nomenclateurs de la chimie. Fit partie de l'expédition d'Égypte. Le blanchiment Berthollien a rendu d'immenses prairies à l'agriculture, et la marine emploie encore aujourd'hui son procédé pour conserver l'eau douce.

G. KÉPLER (1571-1630). Les étoiles se meuvent autour du soleil dans un ordre elliptique dont un des

11

foyers est occupé par le centre de l'astre solaire : c'est
« la loi de Képler », et son principal titre à la gloire.

N.-J. Conté (1755-1805). Mécanicien, peintre, chimiste, physicien, astronome, ingénieur, graveur, fondeur, manufacturier..., que ne fut-il pas encore ? En
Egypte comme en France, dans la pauvreté comme
dans le péril, il montra que son génie était à toute
épreuve, comme son courage. Il fit des portraits, des
boulets de canon, des plans, des aérostats et des
crayons.

Jacques Sarrazin (1590-1660). Les huit cariatides
groupées qui soutiennent le pavillon de l'Horloge au
Louvre sont de cet habile sculpteur.

Blaise Pascal (1623-1662). Un écrivain a ainsi résumé cette vie : « Archimède et Galilée l'avaient salué
sur la route ; Démosthènes avait dit : voilà l'éloquence
qui passe ; Bossuet avait écouté le vent qui venait d'ef-
fleurer son front ; enfin Molière ramassait avec fer-
veur les feuillets épars des *Provinciales*. »

L. Linnée (1731-1778). Savant suédois. Donna à la
botanique, avec une classification méthodique fondée
sur les organes sexuels des plantes, une langue régulière et commode. Jussieu a battu en brèche le
système de Linnée.

J.-C. Borda (1733-1799). La physique, l'art nauti-
que et la géographie lui doivent d'importantes découvertes. « Il était aussi brave qu'instruit, et aussi modeste que brave. » On sait que le vaisseau-école porte
son nom.

G. C. Prony (1755-1839). Ingénieur et mathématicien. Auteur de tables trigonométriques. Napoléon Ier. faisait un tel cas de lui qu'il refusa, un jour, de le créer dignitaire. « Il ne faut pas, dit-il, mettre son rabot en dentelles, on ne pourrait plus s'en servir pour raboter. »

Jean Cousin (1500-1590). Le créateur de la peinture historique en France. On a de lui le tableau du *Jugement universel* et un grand nombre de vitraux. Coloriste médiocre, mais grand dessinateur.

Claude Perrault (1613-1688). On ne peut prononcer ce nom sans songer aussitôt à la sublime colonnade du Louvre. Claude construisit aussi les bâtiments de l'Observatoire. Il a traduit Vitruve et a été critiqué par Boileau. C'est son frère Charles qui a écrit les fameux contes de fées.

Parmentier (1737-1813). Quel mal ne disait-on pas de la pomme de terre ? Cette importation du Mexique appauvrissait le sol où on la cultivait ; elle donnait la lèpre, la fièvre, et était bonne à peine pour les pourceaux. Grâce à Parmentier elle nous a sauvés de vingt famines ; les meilleurs tables l'acceptent, et les maladies qui la frappent sont une calamité publique.

J. Darcet (1725-1801). Il décomposa les porcelaines du Japon, de la Chine, de Saxe, reconnut la nature et les proportions des terres qui entrent dans leur fabrication, et dota la France d'une industrie nouvelle. La manufacture de Sèvres l'eut pour directeur : ce n'était que justice.

J. Callot (1593-1635). Il a fait une œuvre immense autant par le génie qui s'y déploie que par le nombre des gravures qui la composent. L'histoire et la légende, le fantastique et le réel, le sérieux, le grotesque, le naïf, le terrible s'y succèdent ou s'y mêlent. Mais Callot est surtout demeuré populaire par ses caricatures des vices, des ridicules et des misères de l'humanité. Nous ne citerons ni les *Mendiants*, ni la *Tentation de saint Antoine*, ni tant d'autres compositions que tout le monde connaît.

Adam Smith (1723-1790). « Laissez faire, laissez passer. » Si ce n'est point lui qui l'a dit, la formule tout au moins appartient à son école. Il fut le père de l'Economie politique, et ses titres à cette paternité sont inscrits dans un livre célèbre : *Recherches sur la nature et les causes de la richesse des nations.*

Bernard de Palissy (1510-1590). Qui ne connaît, au moins dans ses traits principaux, la vie du sublime « potier de terre » ? Qui n'a admiré ses chefs-d'œuvre, ces terres cuites émaillées où sont représentés en relief des rochers, des arbres, des poissons, des mollusques, des reptiles, tout un monde varié et vivant sorti de ses fourneaux ?... de ses fourneaux où il jetait, pour en alimenter le feu, jusqu'aux tables et au plancher de sa maison. On sait aussi quelle fut la récompense de tant de travaux, de constance et de misères : il mourut à la Bastille parce qu'il était de la religion réformée. Quelle dette la postérité a à payer à cette mémoire !

J.-D. Cassini (1625-1712). Nul ne déroba plus de secrets au firmament. Il constata et mesura les mouvements de Jupiter, de Vénus et de Mars; il découvrit quatre satellites de Saturne, décrivit la lumière zodiacale et détermina les lois de la libration de la lune.

JACQUES DE BROSSE. On ignore le lieu et la date de sa naissance, mais on connaît ses œuvres : le palais du Luxembourg, le portail de Saint-Gervais, la grande salle du Palais de Justice, l'aqueduc d'Arcueil et le temple de Charenton.

RICARDO (1772-1823). Économiste. Il fonde la valeur des marchandises sur la quantité de travail nécessaire pour les produire.

B. DELESSERT (1773-1847). Il voulut que, sur sa tombe, on n'inscrivît que ces simples mots : « Ci-gît le fondateur des Caisses d'Épargne. »

F. LEBLANC, mort en 1698. Le fondateur de la numismatique en France. Sa collection contenait toute la série des monnaies depuis Charlemagne.

N. COUSTOU (1658-1733). On l'a appelé le Pradier du dix-huitième siècle. Son chef-d'œuvre est la descente de la Croix, connue sous le nom de *Vœu de Louis XIII*.

CIMABUÉ (1240-1310), artiste florentin. Le restaurateur de la peinture italienne. Le premier il fit poser des modèles. Son *Saint François* et sa *Madone* sont admirables; mais son vrai chef-d'œuvre fut son élève Giotto, le précurseur de Raphaël.

A. Volta (1745-1826). La grenouille s'agite, il est vrai (voir à Galvani), mais ses convulsions ne sont dues qu'à un dégagement d'électricité résultant de la combinaison des deux métaux dissemblables. Bien plus, deux métaux différents, quelle qu'en soit la nature, donnent naissance, par leur simple contact, à un dégagement d'électricité. L'électricité animale est morte, mais la pile électrique est inventée.

Humphry-Davy (1778-1829). Que d'existences il a sauvées avec sa lanterne, à laquelle les mineurs ont donné son nom ! Dans ses mains aussi la pile de Volta produisit des merveilles : il a décomposé nombre de substances que l'on croyait simples, et agrandi ainsi le domaine de la chimie.

Gaspard Monge (1746-1818). Il inventa la géométrie descriptive, organisa la défense de la patrie en 92, fit partie de l'expédition d'Égypte, resta fidèle à l'empereur tombé et fut persécuté par la restauration. « Ce diable d'homme sera immortel ! » La postérité a ratifié cette exclamation de Lagrange.

J.-L. Bernini (1598-1680), ou mieux le cavalier Bernin. Peintre, sculpteur et architecte. Il fut le favori de deux papes, Urbain VIII et Alexandre VII, et deux rois, Louis XIV et Charles I⁻er, se disputèrent ses travaux. Son chef-d'œuvre est la chaire de Saint-Pierre de Rome, soutenue par les figures colossales des quatre docteurs de l'Église.

Mozart (1756-1792). Tout enfant, il parcourut l'Europe, charmant, étonnant, subjuguant les rois et les maîtres de l'art. Il essaya de se fixer à Paris, mais Vienne le rappela et sut le garder. Il mourut à 35 ans, mais il avait eu le temps de faire les *Noces de Figaro*, la *Flûte enchantée*, l'*Enlèvement au Sérail*, *Don Juan* et le *Requiem* !

P.-P. RIQUET (1604-1688), de la famille des Riquetti de Florence, dont les Mirabeau étaient l'une des branches. Auteur du canal du Languedoc ou du Midi, qui joint l'Atlantique et la Méditerranée.

JACQUES COOK (1728-1779). Ses voyages de circumnavigation sont célèbres. Il découvrit la Nouvelle-Calédonie, et tenta vainement de s'ouvrir un passage à travers le détroit de Behring. Il mourut aux îles Sandwich, assassiné par les naturels.

GUYTON DE MORVEAU (1737-1816). Magistrat, chimiste, conventionnel. Il fut avocat général pendant 27 ans, eut le premier l'idée de la nomenclature chimique, et vota la mort de Louis XVI. A la bataille de Fleurus, il monta lui-même un des ballons qui devaient surveiller l'ennemi.

LENÔTRE (1613-1700). Un jardinier de génie. Visiter les jardins de Versailles, de Trianon, et surtout la terrasse de Saint-Germain. Anobli, il mit sur son blason trois limaçons surmontés d'une feuille de choux.

G. CAXTON (1410-1491). Le Guttemberg anglais. Il imprima le premier livre anglais : *Recueil des histoires de Troye*.

D'ALEMBERT (1717-1783). Né d'une faute de Mme de Tencin, qui l'abandonna, le petit bâtard devint un grand homme. Citons seulement le *Discours prélimi-naire de l'Encyclopédie*.

LE TINTORET (1512-1594). Il s'appelait Robussi, mais illustra le nom du métier de son père qui était tein-turier. Élève, puis rival du Titien. Le *Crucifiement de Jésus* et le *Miracle de Saint-Marc* sont des chefs-d'œuvre.

A. THOUIN (1747-1828). Jardinier en chef du Jardin des Plantes, qu'il enrichit de nombreuses espèces exo-tiques.

L. EULER (1707-1783). Mathématicien, astronome. Ami de d'Alembert et son rival de science et de gloire. Condorcet a dit de lui : « Sa tête fut toujours occupée et son âme toujours calme. »

P.-L. DULONG (1785-1838). Il livra au chlorure d'azote une lutte qui lui coûta cher. Une première explosion le couvrit de contusions; une autre fois, le composé chimique lui brisa un doigt et lui creva un œil... mais le chlorure d'azote était vaincu, et, qui plus est, analysé.

J.-A. CHAPTAL (1756-1832). Créa, en France, le pre-mier établissement de produits chimiques; fabriqua du salpêtre avec Monge, Fourcroy, Berthollet, pour préserver le territoire de l'invasion. Ministre de l'inté-rieur, il favorisa l'agriculture et l'industrie. Un collége de Paris porte son nom.

FIRMIN DIDOT (1764-1836). De la dynastie des Didot,

ces Elzéviers français. Se distingue entre eux tous par l'invention du « stéréotypage », par lequel on immobilise les types et on conserve les pages composées, passées à l'état de plaques métalliques.

J. Péreire (1716-1780). Le précurseur de l'abbé de l'Épée. Seulement, il apprenait aux muets à proférer des sons, et à saisir le sens du discours d'après le mouvement des lèvres. Sa méthode a été perdue.

A.-B. Boule (1642-1732). Ébéniste célèbre. Il eût été aussi bien peintre, sculpteur, architecte; mais il prit le métier de son père et en fit un art incomparable auquel son nom est resté attaché.

Benvenuto Cellini (1500-1570). Génie sublime et caractère intraitable. Il eut autant de querelles qu'il fit de chefs-d'œuvre. Florence sa patrie, Rome, Paris, l'admirèrent et ne purent le garder. Il leur a laissé des ciselures sur métaux, des montures de diamants qui sont des merveilles d'invention et de travail.

Nicolas de Pise. Architecte et sculpteur du xiiie siècle. Il fit le tombeau de saint Dominique, à Bologne, un chef-d'œuvre, et à Florence cette église de la Trinité que Michel-Ange appelait « sa dame favorite. » On lui doit encore le mode de fondation sur pilotis.

Geoffroy-Saint-Hilaire (1772-1844). Le créateur de la Zoologie en France, le patron du Cuvier qui, devenu plus tard son rival, soutint contre lui une lutte célèbre.

A. Durer (1471-1528). Le chef de l'École allemande

au moyen âge, l'inventeur de la gravure en clair-obscur et de celle à l'eau forte. Sa fécondité était effrayante. Il se réfugiait dans le travail pour échapper à l'humeur acariâtre de sa femme.

Éloi (588-659). Habile orfévre que l'Église a canonnisé, et dont une joyeuse légende a popularisé le nom uni à celui du roi Dagobert.

J.-B. Colbert (1619-1683). Finances, agriculture, industrie, commerce, marine, travaux publics, beaux-arts, il n'est aucune branche de l'administration et de la production à laquelle ce grand ministre n'ait touché pour la transformer et l'améliorer.

Erwin de Steinbach. Architecte du xiiie siècle. C'est lui qui éleva la cathédrale de Strasbourg, le plus haut monument du globe avec la pyramide de Chéops. Mais ce n'est plus, hélas! le drapeau français qui flotte sur la flèche....

Daguerre (1778-1851). Quand il parla de fixer les rayons solaires, on se demanda s'il était fou. Cependant, M. Niepce, de Dijon, était déjà parvenu à fixer sur métal ou sur papier les images de la chambre obscure. Les deux inventeurs furent mis en rapport, et de leurs efforts combinés sortit le daguerréotype, maintenant appelé photographie. L'emploi du collodion, par Gustave Legray, actuellement professeur en Égypte, a été le point de départ des progrès immenses que cet art a accompli depuis Daguerre.

J.-C. Soufflot (1714-1780). Le Panthéon a été élevé sur ses plans. Il a construit le portail, la nef et les bas-côtés, mais des envieux sans génie empêchèrent l'érection du dôme tel qu'il l'avait conçu.

BOERHAAVE (1668-1738). Médecin célèbre, que l'on consultait de tous les points du monde. Un mandarin lui écrivit, dit-on : à M. Boerhaave, médecin en Europe. Il était pour les remèdes « désobstruants », et autres innovations dont s'est moquée la verve de Molière.

C. LEBRUN (1619-1690). Fonda l'Académie de peinture : ce fut sa plus belle œuvre. On a de lui une foule de toiles, entre autres les peintures de la grande galerie de Versailles, *le Christ aux Anges*, *la Défaite de Maxence*, etc., etc.

LACÉPÈDE (1756-1825). Gluck et Buffon étaient ses dieux, et il aimait d'une égale ardeur l'histoire naturelle et la musique. Il fit un opéra, *Omphale*, et un livre sur les Ovipares. Qui connaît, aujourd'hui, le maestro Lacépède ?

GAY-LUSSAC (1778-1850). Accompagné de son ami Biot, il s'éleva, dans les airs, à 4,000 mètres. On a fait depuis des ascensions plus hautes, mais non de plus utiles. Il découvrit le cyanogène, et mourut des blessures reçues pendant ses expériences.

NICOLAS POUSSIN (1594-1665). Le Raphaël français. Presque tous ses tableaux sont des chefs-d'œuvre : *Germanicus*, *la Peste des Philistins*, *Rébecca*, *la Femme adultère*, *Moïse sauvé des eaux*, *Eudamidas*.... Moyens simples, résultat sublime.

F. DE NEUFCHATEAU (1750-1828). Étant ministre de

l'intérieur, sous le Directoire, il eut lieu de constater que les magasins étaient encombrés de marchandises, et qu'aucune affaire commerciale ne venant les dégager, le travail chômait et les ouvriers souffraient. — C'est alors qu'il donna l'ordre que les produits des manufactures nationales fussent transportés à Saint-Cloud pour y être « exposés. » Des fêtes s'organisèrent, les acheteurs affluèrent de toutes parts, et les « stocks » purent enfin s'écouler. Les expositions étaient inventées! En l'an VI, le ministre ouvrit, en personne, la première Exposition officielle, qui eut lieu au Champ de Mars.

G.-L. TERNAUX (1763-1833). Les châles Ternaux sont connus. Perfectionna le tissage des laines et la fabrication des draps, et ouvrit vingt-deux manufactures.

PINSON (1746-1828). L'inventeur du modelage en cire pour les pièces anatomiques. Sauva la vie à plus d'un gourmand par l'imitation des champignons vénéneux.

DAUBENTON (1716-1799). Collaborateur de Buffon. Célèbre anatomiste. On a dit qu'il ne savait pas lui-même de combien de découvertes il était l'auteur.

SUGER (XIIᵉ siècle). Vers 1150, saint Bernard écrivait au pape : « S'il y a dans l'Église de France quelque vase de prix qui embellisse le palais du Roi des rois, c'est sans doute le vénérable abbé de Suger. » Gouverna sagement pendant la folle croisade de Louis VII.

AMPÈRE (1775-1836). Cœur naïf, tête encyclopédique.

Célèbre par ses distractions. L'Angleterre, l'Amérique, l'Allemagne réclament l'invention de la télégraphie électrique, mais la France a mille bonnes raisons pour l'attribuer à André-Marie Ampère.

DE SAUSSURE (1740-1799). Ce Génevois fit de l'hygrométrie une science toute nouvelle. Il parvint le premier à la cime du mont Blanc. Botaniste, géologue, météorologue, etc.

VALENTIN HAÜY (1745-1822). L'abbé de l'Épée des aveugles. Il leur apprit à lire avec leurs doigts, dans des livres dont les caractères étaient en relief. On lui doit l'Institution de la rue Sainte-Avoye, à Paris.

GASSENDI (1592-1656). Réhabilita Epicure et entra en lutte avec Descartes : pendant un demi-siècle on fut Cartésien ou Gassendiste. Il eut pour disciple Molière, qu'il appelait son fils. Aucune science ne fut étrangère à cet éminent esprit.

P.-P. RUBENS (1577-1640). Le chef de l'Ecole flamande. Parmi ses grands tableaux, on cite son *Crucifiement,* à Anvers, et sa *Résurrection,* à Munich. Couleur magnifique, effet grandiose, enthousiasme et variété de composition. Fut le maître de Van Dyck.

RICHELIEU (1585-1642). A l'intérieur, réduire les protestants et les grands, et, à l'extérieur, abaisser la maison d'Autriche : tel fut le double but de la politique de Richelieu. Il eut la gloire de l'atteindre. La France doit encore à ce grand ministre l'Académie française, le Jardin des Plantes, le Palais-Cardinal, et la restauration de la Sorbonne, où est son tombeau.

BRUNEL (1768-1849). Ingénieur français qui se fit naturaliser anglais. Il a creusé le fameux tunnel sous la Tamise.

A.-L. DE JUSSIEU (1748-1836). Le plus illustre d'une famille de savants; le créateur de la classification des plantes, à laquelle son nom est resté attaché. Selon Cuvier, le livre d'Antoine-Laurent de Jussieu marque, dans l'histoire des sciences d'observation, autant que la chimie de Lavoisier dans les sciences d'expérience.

HENRY ESTIENNE (1470-1520). Henri 1er chef de la dynastie des Etienne, ces rois de l'imprimerie française.

ROGER BACON (1214-1292). Le calendrier, la pompe à air, la chambre obscure, le télescope, la poudre à canon... il inventa tout cela ou en prépara l'invention. Son siècle, qui l'appelait le « docteur admirable » ne l'en persécuta pas moins.

TURGOT (1727-1781). Si des réformes eussent pu prévenir la Révolution, ce résultat eût été obtenu par ce ministre, dont Malesherbes disait qu'il avait la tête de Bacon et le cœur de l'Hôpital. (C'est de François et non de Roger qu'il s'agit ici.)

ARRIGHETTI (1580-1643). L'un des élèves de Galilée. En même temps orateur plein de sel, comme le témoignent ses apologies de la citrouille et du cornichon, prononcées à l'Académie platonique de Florence.

Les ELZEVIER. Bonaventure, Abraham, Louis et Daniel florirent, en Hollande, pendant un siècle, de 1592 à 1692. On connaît leurs éditions petit format, et la devise qui les distingue : « *Concordiá res parvœ crescunt.* »

STRADIVARIUS (1670-1728). Un « grand stradivarius » vaut dix mille francs, mais un violoncelle du célèbre luthier n'a pas de prix. Qu'est-ce qui donne aux instruments de l'artiste de Crémone leur supériorité? La juste proportion des parties, la qualité du bois, un vernis particulier qui le recouvre?... Les contrefacteurs sont au désespoir.

A. DUCERCEAU (XVIᵉ siècle). Le Pont-Neuf a été fait sur ses plans; c'est lui qui en a commencé la construction, mais c'est Guillaume Marchand qui l'a achevée. Le « vieux » Pont-Neuf était considéré comme la huitième merveille du monde.

SALOMON DE CAUX (1590-1630). Imagina le premier d'employer la vapeur d'eau dans une machine hydraulique. On peut dire que Salomon de Caux trouva la force nouvelle, que Denis Papin l'appliqua, et que James Watt perfectionna l'application. Est-il vrai que Richelieu fit enfermer à Bicêtre le sublime inventeur?

FRANKLIN (1706-1790). Sait-on qu'il est de Turgot le vers si souvent cité : Il prit la foudre au ciel et le sceptre aux tyrans! Ce qui veut dire, en prose, que Franklin inventa le paratonnerre, engagea la France à s'armer contre l'Angleterre et signa le traité qui donnait l'indépendance à son pays.

MATHIEU DE DOMBASLE (1778-1843). *O fortunatos agricolas !* Dombasle leur a donné sa charrue; il leur a appris à se servir des machines à battre et du semoir anglais, et, depuis lui, la ferme-modèle, autrefois si raillée, n'est plus une chimère.

MONTGOLFIER. C'est le jeudi 5 juin 1783, à Annonay, que s'éleva pour la première fois en l'air l'appareil des frères Montgolfier. Le philosophe Archytas, que le problème avait tourmenté vingt-deux siècles auparavant, eut tressailli de joie à ce spectacle. Le ballon est un enfant, disait Franklin, l'avenir est à lui!

OBERKAMPF (1738-1815). L'industrie des impressions sur tissus date de lui. Il créa, à Jouy, une manufacture de toiles peintes, et à Essonne, une manufacture de coton.

OLIVIER DE SERRES (1539-1619). On l'a appelé le « Père de l'Agriculture française », et Bernard de Palissy disait de lui : « Je l'ai chanté toute ma vie, je le chanterai jusqu'à ma mort. »

RÉAUMUR (1683-1757). Est connu pour son thermomètre et a mérité de l'être pour cent autres raisons. Il a fait de curieux mémoires sur les araignées, les puces marines et les moules.

A. BELL (1753-1832). Que croyez-vous que ce ministre anglican nous ait rapporté des Indes? Des plantes curieuses, des arbres gigantesques ou des schalls, ou encore quelque modèle de pagode? Point, il rapporta l'enseignement mutuel.

ERARD (1752-1834). Le clavecin mécanique, le piano à deux cordes et à cinq octaves, le piano à deux claviers, le piano à queue, la harpe à double mouvement...

est-il étonnant que la maison Erard jouisse d'une réputation universelle?

A.-J. FRESNEL (1788-1827). Un nom que tous les navigateurs devraient connaître. Fresnel est l'inventeur des phares lenticulaires, dont la prodigieuse puissance de rayonnement éclaire au loin la route des navires vers le port.

GAMBEY (1789-1847). Savant et mécanicien. Inventa et exécuta divers instruments de précision, qui ont assuré la supériorité aux ateliers français.

SAVART (1791-1841). Fit sur l'acoustique des travaux que l'on n'a point égalés depuis et qu'on admirera toujours.

ADANSON (1727-1806). Naturaliste et voyageur. Il rapporta le Sénégal dans son portefeuille. Rêva une Encyclopédie et mourut à la veille d'en aborder l'exécution.

J.-B. BODONI (1740-1813). L'Etienne, le Didot de l'Italie. L'imprimerie « Bodonienne » marqua une ère nouvelle dans l'histoire de la typographie italienne.

F. PERRIER (1590-1650). Peintre et graveur. Décora l'hôtel de la Vrillière, devenu depuis la Banque de France.

SULLY (1560-1641). « Le labourage et le pâturage, voilà les deux mamelles dont la France est alimentée, les vrayes mines et trésors du Pérou. » On sait si le grand ministre de Henri IV sut mettre en pratique sa maxime favorite.

12

P. DE FERMAT (1595-1665). Ce magistrat de Toulouse inventa le calcul différentiel, à l'aide duquel, dit Arago, de simples écoliers peuvent résoudre des problèmes devant lesquels l'ancienne géométrie restait impuissante, même dans les mains d'un Archimède. Je vous tiens pour le plus grand géomètre de toute l'Euroupe, écrivait Pascal à Fermat.

L. GHIBERTI (1378--1455). Sculpta les portes en bronze du baptistère de Saint-Jean, à Florence, dont Michel-Ange disait qu'elles étaient dignes de servir d'entrée au paradis.

G.-E. STAHL (1660-1734). L'aigle de la médecine allemande, disaient ses contemporains. Grand faiseur d'hypothèses, il expliquait tous les phénomènes de l'économie animale par un principe immatériel, l'âme d'où l'*animisme;* il imagina aussi la *phlogistique*.

P. DE MONTEREAU (XII° siècle-XIII° siècle). Architecte de la Sainte-Chapelle à Paris, et de la Chapelle de Vincennes.

J.-F. VAILLANT (1669-1722). Numismate et voyageur. On raconte qu'il avala une vingtaine de médailles d'or pour les soustraire à des pirates, et que la nature l'aida ensuite à les rendre à la science.

F. VIÈTE (1540-1603). Il substitua, dans l'Algèbre, les lettres aux nombres. Progrès immense, et qui permit de résoudre, avec facilité, les problèmes les plus compliqués.

P. PARIS (1747-1819). Son œuvre est unique, mais immortelle : le portail de la cathédrale d'Orléans!

Senefelder (1771-1834). Inventa la lithographie, et mourut pauvre et dans l'oubli, alors que sa découverte faisait le tour de l'Europe.

Richard Lenoir (1765-1838). Un nom populaire entre tous. Lenoir introduisit en France la fabrication des tissus de coton. Il faisait travailler six mille ouvriers au faubourg Saint-Antoine. Il mourut dans l'indigence après avoir eu huit millions de fortune.

Jacques Cœur (1400-1461). En ce temps-là, on disait : riche comme Jacques Cœur. L'argentier de Charles VII restaura nos finances. Il n'en connut pas moins la prison et l'exil.

Bréguet (1747-1823). C'est à ce citoyen suisse que l'horlogerie française doit sa renommée. Les montres perpétuelles se remontant par le seul mouvement de la marche; le parachute, le timbre à ressort, les échappements libres à tourbillons et à hélices, les répétitions au tact..., la liste serait longue de ses inventions et de ses perfectionnements.

Lagrange (1736-1813). Anglais né à Turin, qui publia, en France, la *mécanique analytique*, son plus beau titre de gloire avec l'invention du calcul des variations. Un des plus grands savants du xviiie siècle.

Louis Lebrun, qu'il ne faut confondre ni avec Charles, le peintre de Louis XIV, ni avec Ponce-Denis-Écouchard, le Pindare français, était un architecte du commencement de ce siècle. Il fut le Boileau de son art.

L'ABBÉ SICARD (1742-1822). Disciple et successeur de l'abbé de l'Épée. Il fonda une imprimerie pour les sourds-muets, et leur fit imprimer ses ouvrages.

LAPLACE (1749-1827). Quand il eut publié sa « Mécanique céleste », les savants de son époque l'appelèrent le continuateur de Newton. » La postérité a ratifié ce titre.

HARVEY (1578-1657). Newton et Laplace ont montré comment les astres circulent dans les espaces célestes, Harvey a montré comment le sang circule dans le corps humain.

SCHEELE (1742-1786). Suédois Poméranien. Le père de la chimie organique. A découvert un grand nombre d'acides, le carbonique, l'urique, le tartrique, etc., etc.

COPERNIC (1473-1543). « La terre, dit Tycho-Brahé, ne produit pas un pareil homme dans l'espace de plusieurs siècles. Il a fait arrêter le soleil dans sa course autour des cieux et fait circuler notre globe immobile : il a transformé l'aspect de l'univers. » On connaît tout au moins le titre de l'immortel ouvrage du grand astronome polonais : *Des révolutions des corps célestes.*

NANTEUIL (1630-1678) fut le premier graveur de portraits. On admire la pureté et la légèreté de son burin.

DUMONT D'URVILLE (1790-1847). Le plus célèbre des navigateurs français. Après avoir été planter, à plus de trois mille lieues de son pays, le pavillon national, il mourut, entre Paris et Versailles, par suite de l'explosion d'une locomotive.

Priestley (1733-1804). Il déphlogistiqua l'air; en termes plus clairs, il isola l'oxygène. C'est donc à lui qu'appartient la découverte de ce gaz.

Guy de la Brosse (xviᵉ siècle). Quand vous vous promènerez au Jardin des Plantes, souvenez-vous du médecin qui portait ce nom. C'est à lui que nous devons ces ombrages.

Delambre (1749-1822). Il exécuta, avec Méchain, la vaste opération qui sert de fondement au nouveau système des poids et mesures. La mesure de la méridienne de la France, et la détermination du mètre sont ses principaux titres de gloire.

Vasari (1512-1574). Peintre et architecte. Le Louvre a de lui l'*Annonciation* et la *Passion*. Il dirigea à Florence la construction du *Palais des offices*. Il écrivit la *Vie des peintres illustres*.

Ambroise Paré (1511-1590). « Je te pansai, Dieu te guérisse! disait maître Ambroise, et Dieu guérissait souvent. Le chirurgien des rois Henri II, François II et Charles IX était, avec Vesale, le plus grand anatomiste de son temps. On peut dire de lui qu'il est le père de la chirurgie française.

Tournefort (1656-1708). Elève et professeur, il fit toute sa vie l'école buissonnière à travers la France, découvrant et collectionnant des plantes curieuses. Mais c'est à l'illustre Linnœus, dit Jean-Jacques, qu'il était réservé de faire de la botanique une science philosophique.

Abeilard (1070-1142). Qui ne connaît sa science universelle, son éloquence, ses succès éclatants et son infortune ? Les noms d'Héloïse et du chanoine Fulbert restent attachés au sien, mais par des raisons toutes différentes.

LA CAILLE (1713-1762). Il passa la ligne, et au bout de deux ans, rapporta sur ses cartes le ciel austral, où étaient indiquées 9,800 étoiles invisibles sur notre horizon.

HARTMANN. Auquel des quatre a-t-on voulu faire l'honneur d'inscrire son nom : au botaniste, au théologien, à l'orientaliste ou au médecin ? On sait peu de chose des deux premiers. Le dernier contesta à Harvey sa découverte de la circulation du sang, et fit un traité renommé sur l'ambre. Quant au troisième, il donna une description de l'Afrique d'après les géographes arabes (1764-1827).

KIRCHBERGER (1739-1800). Agronome suisse et ami de Jean-Jacques. Ses procédés de culture se répandirent en Europe.

LEREBOURS (1767-1840). Affranchit la France de l'obligation d'aller acheter, en Angleterre, les instruments d'optique.

LEVAU (1612-1670). La porte de l'entrée du Louvre ainsi qu'une partie des Tuileries ont été construites sur les dessins de cet habile architecte.

PRADIER (1790-1852) est, par-dessus tout, le sculpteur de la femme, qu'il a représentée sous tous ses aspects charmants : Chloris, Phryné, Nyssia, Vénus, Atalante, Psyché, les trois Grâces, la Nymphe, la

Bacchante. Ses œuvres viriles sont moins nombreuses ; on admire cependant son Phidias, son Philoctète, son Prométhée.

E. JENNER (1749-1823). Aux titres qui déjà recommandaient la vache à l'humanité, ce docteur anglais ajouta le vaccin. C'est pourquoi l'on rencontre maintenant, de par le monde, beaucoup moins de grêlés qu'autrefois.

E. LESUEUR (1617-1655). Les deux chefs-d'œuvre de ce peintre sublime sont *Saint Paul prêchant à Éphèse* et la *Vie de saint Bruno*. Lebrun en apprenant sa mort, s'écria : voilà un grand poids de moins sur ma vie ! » Ce cri d'un rival est le plus éclatant hommage rendu à son génie.

BRÉMONTIER (1762-1809). Il vainquit les vents et imposa des digues aux sables de la mer. Grâce à cet illustre ingénieur des ponts et chaussées, les dunes du golfe de Gascogne, aujourd'hui couvertes de superbes forêts, ne menacent plus de leurs envahissements les pays d'alentour.

NEWCOMEN (fin du XVIIᵉ siècle) fut l'inventeur du principe de la condensation de la vapeur. Le piston, poussé par la force élastique, est au plus haut point de sa course. Injectez dans le cylindre un peu d'eau froide, la vapeur se condense, le vide se fait, et le piston retombe.

PYTHAGORE (VIᵉ siècle avant J.-C.). Étudia chez les prêtres d'Égypte ; inventa la métempsycose et la démonstration du carré de l'hypothénuse ; perfectionna la musique et découvrit l'harmonie des sphères.

HUYGHENS (1629-1695). Après avoir découvert l'anneau de Saturne et un satellite de cette planète, il gravita lui-même, pendant quelque temps, autour d'un astre d'une espèce généralement inconnue aux savants, la belle et galante Ninon de Lenclos.

VAN DYCK (1599-1641). C'est en Angleterre qu'il faut aller étudier l'œuvre de ce grand peintre, d'abord l'élève, puis l'émule de Rubens. On cite parmi ses chefs-d'œuvre, le *Saint Sébastien, Jésus élevé en croix, Saint Augustin en extase.* Le nombre de ses portraits est incalculable.

METIUS (xviᵉ-xviiᵉ siècle). Jacques et Adrien, de Alkmaer, en Hollande, étaient, celui-ci un astronome et celui-là un opticien. Jacques inventa les lunettes d'approche.

GERMAIN PILON (1515-1590). Quelle ronde de déesses pourraient exécuter les Grâces de Germain Pilon, et les Cariatides de Jean Goujon, se tenant par la main comme le firent, dans la vie et dans l'art, leurs pères immortels!

BERNOUILLY (xviiᵉ-xviiiᵉ siècle). Ils étaient deux frères, Jacques et Jean, tous deux astronomes et géomètres; ils avaient fait ensemble plus d'une belle découverte, lorsqu'un jour ils se brouillèrent à mort. Et le motif? Ils n'étaient point d'accord sur la solution du problème des isopérimètres.

Jacques Gabriel (xviie-xviiie siècle). Ils furent trois architectes de ce nom et de ce prénom : le père, le fils et le petit-fils. Jacques Ier bâtit le château de Choisy; Jacques II fit le grand égout de Paris, et Jacques III éleva l'École militaire et la colonnade du Garde-Meuble.

S. Serlio (xvie siècle) a plutôt écrit sur l'architecture qu'il n'a édifié de monuments. Mis en concurrence avec Pierre Lescot pour les plans du Louvre, il fit généreusement adopter ceux de son rival.

E. Halley (1656-1742). Cet astronome anglais fixa la position de trois cent cinquante étoiles, donna son nom à une planète et dressa des Tables de la Lune.

O. de Guéricke (1602-1686). On connaît ces fameuses hémisphères de Magdebourg, que seize chevaux, tirant en sens contraire, ne pouvaient séparer. Le savant physicien avait fait le vide dedans à l'aide d'un appareil qu'il venait d'inventer : la machine pneumatique.

Les Graindorge étaient des tisserands normands du xvie siècle. Ils inventèrent et perfectionnèrent l'impression sur toile. André réussit d'abord à y figurer des carreaux et des fleurs; Richard son fils y dessina des oiseaux, des plantes, des personnages ; enfin Michel, son petit-fils, fonda plusieurs manufactures de toiles qu'on nomma toiles damassées, à cause de leur ressemblance avec le damas bleu.

A. Janvier (1751-1835). L'inventeur de la *machine à*

marées, de l'*horloge planétaire* du Louvre. Après avoir fait prospérer, pendant soixante ans, l'horlogerie française, il mourut à l'hôpital.

C. GELLERT (1713-1796). Célèbre métallurgiste allemand. A écrit des ouvrages estimés.

DUPÉRAC (XVIᵉ-XVIIᵉ siècle). Dessina d'après nature les plus belles antiquités de Rome ; travailla à la construction de la galerie du Louvre, et décora de peintures la galerie de Diane, au palais de Fontainebleau.

BERGMANN (1735-1784). Grand chimiste suédois. Ses découvertes sont innombrables : acides divers, fabrication de l'alun, des eaux minérales, rapport constant des formes géométriques des cristaux avec la nature de chaque substance... mais sa plus remarquable peut-être fut celle de Scheele, son disciple, puis son glorieux émule.

BERNWARD (950-1025). Cet évêque d'Hidelsheim, dans la basse Saxe, était en même temps un grand artiste en tous genres, peintre, architecte, sculpteur, ciseleur, mosaïste. Il fut canonisé comme saint Éloi, avec qui il avait plus d'un trait de ressemblance.

P. DE PONCE (1520-1584). Précurseur des Péreire, des de l'Epée, des Sicard, ce moine bénédictin de Valladolid enseignait aux sourds-muets à comprendre et à prononcer d'après le jeu des lèvres.

J. LEMERCIER (1590-1660). A construit la Sorbonne, l'Oratoire, Saint-Roch et le Palais-Cardinal, dont il ne reste plus que l'aile intérieure qui fait face au Théâtre-Français et à la galerie vitrée.

F. Barreau (1731-1814). Les tourneurs lui doivent des instruments plus parfaits, le *tour en l'air* et le *tour à pointes;* la France lui doit des merveilles d'invention et de délicatesse. On en peut admirer plusieurs au Conservatoire des Arts-et-Métiers.

Clément Métézeau exécuta, en 1628, la fameuse digue de la Rochelle, qui fit tomber au pouvoir de Richelieu ce dernier boulevard des calvinistes. On voit encore, à marée basse, les restes de ce colossal travail, qui avait 747 toises de longueur.

P. Becker (1675-1745), de Coblentz, excellait à reproduire les armoiries sur pierres fines. Il enrichit de ses délicats chefs-d'œuvre les cours d'Autriche et de Russie.

Jean Bullant (xvie siècle) construisit le château d'Ecouen et travailla aux Tuileries avec Philibert Delorme.

C. Ballin (1615-1678). Que reste-t-il aujourd'hui de de l'œuvre de ce grand orfèvre? Quelques chandeliers, quelques croix à la Sainte-Chapelle, à Saint-Denis et à Pontoise. Le reste a été dévoré par la Monnaie, pour subvenir aux frais de la guerre de Succession.

Coventry (1735-1812) fournit à ses contemporains Herschel, Cavendish, Priestley, Cook, les instruments de précision à l'aide desquels ils firent leurs grandes découvertes.

R. DE COUCY (XIIe-XIIIe siècle). Sa mission fut d'achever les œuvres de l'architecte Hughes Libergier : Saint-Nicaise de Reims, et la cathédrale de cette ville.

LES PIRANÈSE, de 1707 à 1810, pendant un siècle, occupèrent le premier rang dans les arts. Leur collection des Antiquités romaines est un monument prodigieux. Rome antique y revit tout entière avec ses temples, ses colonnes, ses statues, ses bas-reliefs, ses aqueducs, etc.

Le défilé a été long. Que de noms pourtant on y pourrait ajouter, de savants, d'artistes, d'industriels morts depuis 1855 ! Car, on l'a remarqué, à une seule exception près et dont la raison nous échappe, cette consécration de la gloire sur les frises du monument n'est jamais que posthume.

Aussi ne parlons-nous point des illustrations vivantes : toutes les façades du Palais ne sauraient suffire alors aux Inscriptions de l'Avenir.

FIN.

TABLE DES MATIÈRES

—

FIN DE LA TABLE DES MATIÈRES.

CORBEIL. — TYP. ET STÉR. DE CRÉTÉ FILS.

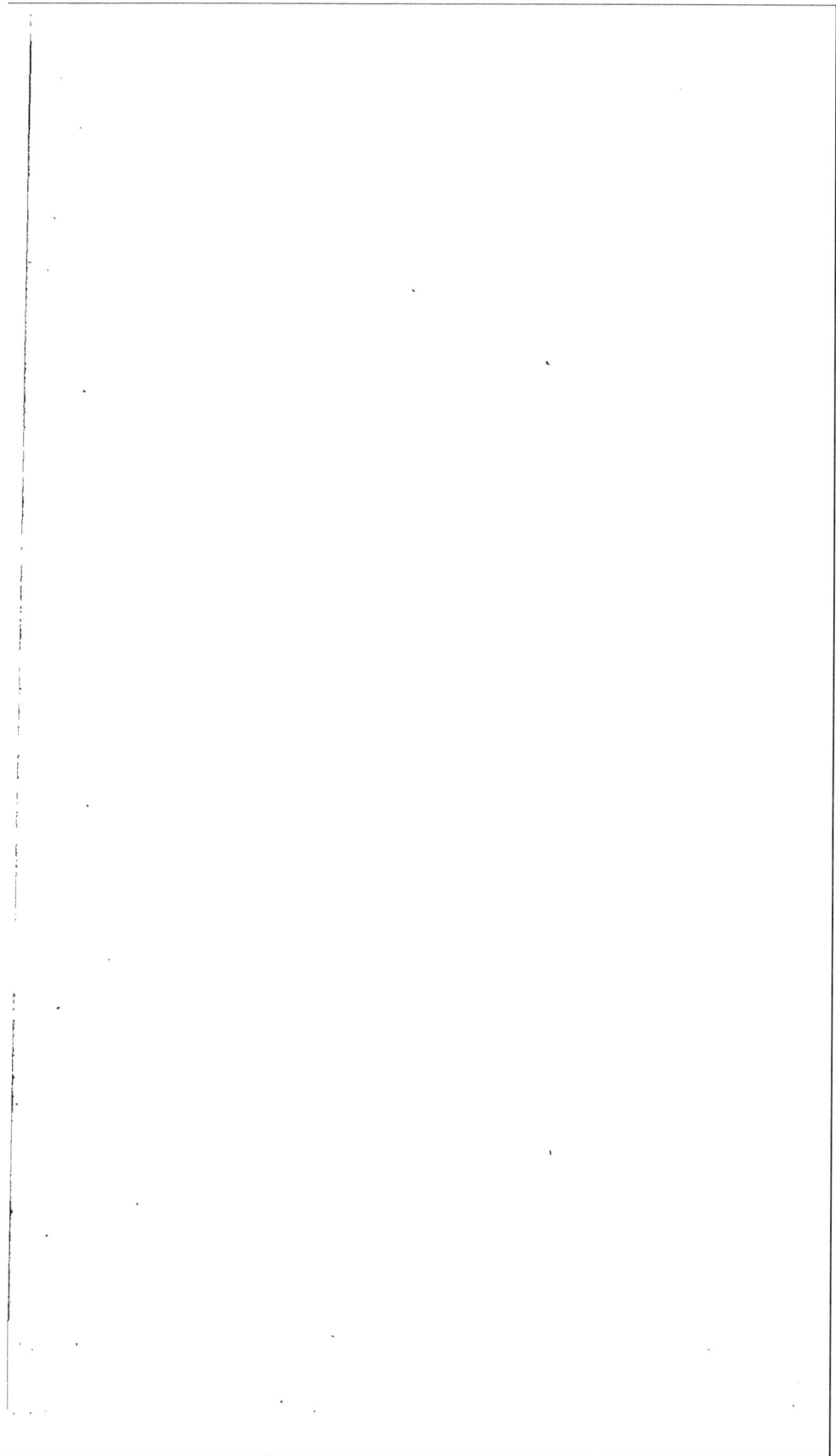

CORBEIL. — TYP. ET STÉR. DE CRÉTÉ FILS.